国家示范（骨干）高职院校重点建设专业优质核心课程系列教材

Linux 操作系统的应用与管理

项目化教程

主　编　邹承俊　周洪林

副主编　张　霞　尹华国　何兴无　任　华

中国水利水电出版社
www.waterpub.com.cn

内 容 提 要

本教材介绍 Red Hat Linux 9 操作系统的应用、管理与维护。全书结合高职高专学生的特点和教学实践，以任务为载体，从 Red Hat Linux 9 的安装、图形界面、常用软件应用、文件管理、用户与组管理、磁盘管理、软件包管理、进程管理和任务调度、网络配置、服务器配置、数据库应用、Linux 下 C 语言编程等入手，介绍了 Linux 操作系统的详细使用和管理操作方法。

本书内容详实，浅显易懂，图文并茂，将理论与实际操作相结合，重点放在对基础知识和基本操作技能的培养上。全书内容以项目化教学方式进行编排，每个项目分为若干个任务来实施，在每个项目的后面有思考题，便于组织教学。

本书适合作为高等院校、高职高专院校信息类专业的教材，也可作为各类培训班的学习教材以及计算机爱好者的自学用书。

图书在版编目（C I P）数据

Linux操作系统的应用与管理项目化教程 / 邹承俊，
周洪林主编. -- 北京：中国水利水电出版社，2013.6（2017.7 重印）
　　国家示范（骨干）高职院校重点建设专业优质核心课
程系列教材
　　ISBN 978-7-5170-0971-9

　　Ⅰ．①L… Ⅱ．①邹… ②周… Ⅲ．①
Linux操作系统—高等职业教育—教材 Ⅳ．①TP316.89

　　中国版本图书馆CIP数据核字(2013)第136344号

策划编辑：寇文杰　　责任编辑：李　炎　　加工编辑：李　刚　　封面设计：李　佳

书　　名	国家示范（骨干）高职院校重点建设专业优质核心课程系列教材 **Linux 操作系统的应用与管理项目化教程**
作　　者	主　编　邹承俊　周洪林 副主编　张　霞　尹华国　何兴无　任　华
出版发行	中国水利水电出版社 （北京市海淀区玉渊潭南路 1 号 D 座　100038） 网址：www.waterpub.com.cn E-mail: mchannel@263.net（万水） 　　　　 sales@waterpub.com.cn 电话：（010）68367658（发行部）、82562819（万水）
经　　售	北京科水图书销售中心（零售） 电话：（010）88383994、63202643、68545874 全国各地新华书店和相关出版物销售网点
排　　版	北京万水电子信息有限公司
印　　刷	三河市铭浩彩色印装有限公司
规　　格	184mm×260mm　16 开本　12 印张　388 千字
版　　次	2013 年 6 月第 1 版　2017 年 7 月第 3 次印刷
印　　数	3001—4000 册
定　　价	25.00 元

编 委 会

前　言

    Linux 是开源、免费的类 UNIX 操作系统，在服务器领域已经得到了广泛应用，在桌面办公领域也逐渐被用户认识和接受，这是因为 Linux 操作系统在稳定性、高效性和安全性等方面都有相当优秀的表现。而且，Linux 系统也有非常丰富的应用软件，绝大部分软件是免费的。随着国家加入 WTO 后打击盗版软件力度的加大，很多公司与用户将迁移到 Linux 平台。未来几年，社会将需要一大批懂 Linux 系统管理与应用开发的专业人才。

    本书以 Red Hat Linux9 为基础，讲述 Linux 操作系统的应用用、管理与维护，结合高职高专学生的特点和教学实践，以任务为载体，理论知识以"够用适用"为原则，突出培养学生完成任务的能力。

    本书采用"项目目标+任务描述+任务分析+预备知识+任务实施+任务检测+任务拓展+思考与习题"的模式组织教材，每个项目单元中都有一至三个典型任务来驱动，通过任务的实现和相关知识的深入讲解来进行专业技能的训练。Linux 平台下的应用主要有办公、网络服务器的配置与应用、Linux 平台下的嵌入式开发。如果读都能认真完成本书的每一个任务，那么就能够初步掌握 Linux 系统管理的知识与技能。

    本书融入了作者近几年教学实践与经验，内容安排比较合理。每个项目中的任务目标明确，任务描述清晰，任务实施过程详细，力求读者能在最短时间内掌握 Linux 系统的基本操作与应用技巧，快速入门与提高。本书的项目一、项目二由邹承俊老师编写，项目三由张霞老师编写，项目四由何兴无老师编写，项目五由尹华国老师编写，项目六由任华老师编写，项目七至项目十四由周洪林老师编写，钟丽萍老师、雍涛老师、雷文全老师等也参与了部分章节的编写工作。全书周洪林老师统稿，邹承俊老师负责全书的审阅和校稿。

    本书是由成都农业科技职业学院策划和组织编写的。在编写过程中，得到了资深 Linux 开发工程师杨宗德老师的指导，得到了成都睿尔科技有限公司杨勇的指导，得到了中国水利水电出版社的大力支持，在此表示衷心感谢，由于作者水平有限，教材内容及文字如有不妥之处，恳请读者批评指正。

编者

2013 年 3 月

目　　录

项目一
Linux 系统安装

项目目标

- 了解 Linux 的发展
- 了解 Linux 的定义及发行版本
- 能正确安装 Linux 操作系统，并理解安装过程中涉及的基本概念

任务　安装 VMware 与 Red Hat Linux 9

【任务描述】

为了熟练使用 Linux，系统管理人员决定在 Windows 上首先使用虚拟机安装开源、免费的 Red Hat Linux 9 操作系统，有利于以后顺利实现从 Windows 迁移到 Linux。

【任务分析】

系统管理员首先应该获得 VMware 虚拟机文件以及 Red Hat Linux 9 安装包，然后根据需要选择合适的安装方式和安装类型，实施系统安装。

【预备知识】

1. 了解 Linux

（1）Linux 是什么

Linux 是一套免费使用和自由传播的类 UNIX 操作系统，是一个基于 POSIX 和 UNIX 的多用户、多任务、支持多线程和多 CPU 的操作系统，如图 1-1 所示。它能运行主要的 UNIX 工具软件、应用程序和网络协议，支持 32 位和 64 位硬件。Linux 继承了 UNIX 以网络为核心的设计思想，是一个性能稳定的多用户网络操作系统，主要用于基于 Intel x86 系列 CPU 的计算机上。Linux 是由世

界各地的成千上万的程序员设计和实现的，其目的是建立不受任何商品化软件的版权制约的、全世界都能自由使用的 UNIX 兼容产品。

图 1-1　Linux 操作系统

（2）Linux 的起源

Linux 的出现，最早开始于一位名叫 Linus Torvalds 的计算机业余爱好者，当时他是芬兰赫尔辛基大学的学生。他的目的是想设计一个代替 Minix（是由一位名叫 Andrew Tanenbaum 的计算机教授编写的一个操作系统）的操作系统，这个操作系统可用于 386、486 或奔腾处理器的个人计算机上，并且具有 UNIX 操作系统的全部功能，因而开始了 Linux 雏形的设计。

1994 年 3 月，Linus Torvalds 发布了带有独立宣言意味的 Linux 1.0 版本。在 Linux 的设计过程中，借鉴了很多 UNIX 的思想，但源代码是全部重写的。

在 Linux 的发展历程上有一件重要的事情：Linux 加入自由软件组织（GNU）并遵守公共版权许可证（GPL）。在继承自由软件精神的前提下，不再排斥对自由软件的商业行为，不再排斥商家对自由软件的进一步开发。从此 Linux 开始了一次飞跃，出现了很多的 Linux 发行版，如 Slackware、Red Hat、SUSE、Turbo Linux 和 Open Linux 等。

到 1995 年 6 月，Linux 2.0 正式发布，这时的 Linux 已可支持多种处理器，具有强大而完善的网络功能，并增强了系统的文件与虚拟内存的性能，同时可以为文件系统提供独立的高速缓存设备。Linux 2.0 的发布标志着 Linux 操作系统正式进入了用户化的阶段。

Linux 从诞生到现在，受到了广大计算机爱好者及商业机构用户的喜爱，主要原因有两个，一是它属于自由软件，用户不用支付任何费用就可以获得它和它的源代码，并且可以根据自己的需要对它进行必要的修改，无偿使用，无约束地继续传播。另一个原因是，它具有 UNIX 的全部功能，任何使用 UNIX 操作系统或想要学习 UNIX 操作系统的人都可以从 Linux 中获益。

2．Linux 系统的组成

Linux 操作系统由内核（Kernel）、外壳（Shell）和应用程序 3 大部分构成。

（1）Linux 系统的内核

内核是 Linux 系统的心脏，是运行程序和管理硬件设备的核心程序，负责控制硬件设备、管理文件系统、程序流程以及其他工作。

Linux 内核的开发和规范一直是由 Linux 社区控制和管理着，内核版本号的格式通常为 x.y.z，例如：2.4.20。由主要编号 x、次要编号 y 和修正编号 z 三部分组成。主要编号随内核的重大改动递增；次要编号表示稳定性，偶数编号用于稳定的版次，奇数编号用于新开发的版本，包含新的特性，可能是不稳定的；修正编号表示校正过的版本，一个新开发的内核可能有许多修订版。

Linux 开发商一般也会根据自己的需要对基本内核进行某些定制，在其中加入一些基本内核中没有的特性和支持。如 Red Hat 将部分 2.6 内核的特性向前移植到它的 2.4.x 内核中，比如对 ext3 文件系统的支持、对 USB 的支持等。

Red Hat 的发行版还有一个专门用于 Red Hat Linux 内核的补丁编号。对于 Red Hat Linux 9，其内核版本号是 2.4.20-8，这里的 8 就是补丁编号。

（2）Linux 系统的外壳

外壳（Shell）是系统的用户界面，提供用户与内核进行交互操作的一种接口。它接收用户输入的命令，把它转换成内核能够理解的格式送入内核去执行，并把执行的结果再转换为用户容易理解的格式送到输出设备显示。因此，Shell 实际上是一个命令解释程序。

Linux 除了提供 Shell 接口外，还提供了可视化图形用户界面（GUI）。它通过 X-Window 的底层支持提供了很多窗口管理器，通过鼠标和键盘控制窗口、图标和菜单。

现在比较流行的桌面环境是 KDE 和 GNOME。

（3）Linux 系统的应用程序

在 Linux 操作系统平台下还集成了很多的应用程序和软件开发工具。

3．Linux 系统的特点

Linux 操作系统在短短的几年之内得到了非常迅猛的发展，这与 Linux 具有的良好特性是分不开的。Linux 包含了 UNIX 的全部功能和特性。简单的说，Linux 具有以下主要特性：

（1）开放性

开放性是指系统遵循世界标准规范，特别是遵循开放系统互连（OSI）国际标准。凡遵循国际标准所开发的硬件和软件，都能彼此兼容，可方便地实现互连。

（2）多用户

多用户是指系统资源可以被不同用户各自拥有使用，即每个用户对自己的资源（如文件、设备）有特定的权限，互不影响。Linux 和 UNIX 都具有多用户的特性。

（3）多任务

多任务是现代计算机的最主要的一个特点。它是指计算机能同时执行多个程序，而且各个程序的运行互相独立。Linux 系统调度每一个进程平等地访问处理器。由于 CPU 的处理速度非常快，其结果是启动的应用程序看起来好像在并行运行。事实上，从处理器执行一个应用程序中的一组指令到 Linux 调度处理器再次运行这个程序之间只有很短的时间延迟，用户是感觉不出来的。

（4）良好的用户界面

Linux 向用户提供了两种界面：用户界面和系统调用。Linux 的传统用户界面是基于文本的命令行界面，即 Shell，它既可以联机使用，又可以在文件上脱机使用。Shell 有很强的程序设计能力，用户可方便地用它编制程序，从而为用户扩充系统功能提供了更高级的手段。可编程 Shell 是指将多条命令组合在一起，形成一个 Shell 程序，这个程序可以单独运行，也可以与其他程序同时运行。

系统调用给用户提供编程时使用的界面。用户可以在编程时直接使用系统提供的系统调用命令。系统通过这个界面为用户程序提供低级、高效率的服务。

Linux 还为用户提供了图形用户界面。它利用鼠标、菜单、窗口、滚动条等设施，给用户呈现一个直观、易操作、交互性强的友好的图形化界面。

（5）设备独立性

设备独立性是指操作系统把所有外部设备统一当作文件来看待，只要安装它们的驱动程序，任何用户都可以像使用文件一样，操纵、使用这些设备，而不必知道它们的具体存在形式。

具有设备独立性的操作系统，通过把每一个外围设备看作一个独立文件来简化增加新设备的工作。当需要增加新设备时，系统管理员就在内核中增加必要的连接。这种连接（也称作设备驱动程序）保证每次调用设备提供服务时，内核以相同的方式来处理它们。当新的及更好的外设被开发并交付给用户时，操作系统允许在这些设备连接到内核后，能不受限制地立即访问它们。设备独立性的关键在于内核的适应能力。其他操作系统只允许一定数量或一定种类的外部设备连接。而具有设备独立性的操作系统能够容纳任意种类及任意数量的设备，因为每一个设备都是通过其与内核的专用连接独立进行访问。

Linux 是具有设备独立性的操作系统，它的内核具有高度适应能力，随着更多的程序员加入Linux 编程，会有更多硬件设备加入到各种 Linux 内核和发行版本中。另外，由于用户可以免费得到 Linux 的内核源代码，因此，用户可以修改内核源代码，以便适应新增加的外部设备。

（6）丰富的网络功能

完善的内置网络是 Linux 的一大特点。Linux 在通信和网络功能方面优于其他操作系统。其他操作系统不包含如此紧密地和内核结合在一起的连接网络的能力，也没有内置这些联网特性的灵活性。而 Linux 为用户提供了完善的、强大的网络功能。

①支持 Internet 是其网络功能之一。Linux 免费提供了大量支持 Internet 的软件，Internet 是在UNIX 领域中建立并繁荣起来的，因此使用 Linux 是相当方便的，用户能用 Linux 与世界上的其他人通过 Internet 进行通信。

②文件传输是其网络功能之二。用户能通过一些 Linux 命令完成内部信息或文件的传输。

③远程访问是其网络功能之三。Linux 不仅允许进行文件和程序的传输，它还为系统管理员和技术人员提供了访问其他系统的窗口。通过这种远程访问的功能，一位技术人员能够有效地为多个系统服务，即使那些系统位于相距很远的地方。

（7）可靠的系统安全

Linux 采取了许多安全技术措施，包括对读、写进行权限控制、带保护的子系统、审计跟踪、核心授权等，这为网络多用户环境中的用户提供了必要的安全保障。

（8）良好的可移植性

可移植性是指将操作系统从一个平台转移到另一个平台使它仍然能按其自身的方式运行的能力。

Linux 是一种可移植的操作系统，能够在从微型计算机到大型计算机的任何环境中和任何平台上运行。可移植性为运行 Linux 的不同计算机平台与其他任何机器进行准确而有效的通信提供了手段，不需要另外增加特殊的和昂贵的通信接口。

4．Linux 操作系统发行版本

（1）Ubuntu Linux

Ubuntu 是非洲一种传统的价值观，着眼于人们之间的忠诚和联系。该词来自于祖鲁语和科萨语。Ubuntu（发音 woo-BOON-too——乌帮图）被视为非洲人的传统理念，大意是"人道待人"（对他人仁慈）。作为一个基于 GNU/Linux 的平台，Ubuntu 操作系统将 Ubuntu 精神带到了软件世界，如图 1-2 所示。

图 1-2　Ubuntu Linux

Ubuntu 项目完全遵从开源软件开发的原则，并且鼓励人们使用、完善并传播开源软件。

Ubuntu 提供了一个健壮、功能丰富的计算环境，既适合家用又适用于商业环境，每 6 个月就会发布一个版本，以提供最新最强大的软件。Ubuntu 的所有版本至少会提供 18 个月的安全和其他升级支持。Ubuntu 支持各种形形色色的架构，包括 x86 以及 PowerPC 等。

UNIX 和 Linux 的主流桌面环境是 KDE 和 GNOME，Ubuntu 的默认桌面环境采用 GNOME。

（2）Debian Linux

Debian 最早由 Ian Murdock 于 1993 年创建。可以算是迄今为止，最遵循 GNU 规范的 Linux 系统，如图 1-3 所示。Debian 系统分为三个版本分支：stable、testing 和 unstable。

图 1-3　Debian Linux

dpkg 是 Debian 系列特有的软件包管理工具，它被誉为所有 Linux 软件包管理工具（如 RPM）中最强大的！配合 apt-get，在 Debian 上安装、升级、删除和管理软件变得异常容易。在 Debian 中，只要简单得敲一下"apt-get upgrade && apt-get update"，机器上所有的软件就会自动更新了

（3）Slackware Linux

Slackware 由 Patrick Volkerding 创建于 1992 年，是历史最悠久的 Linux 发行版。Slackware 中所有的配置均需要通过配置文件来进行，使用不太方便，尽管如此，由于 Slackware 非常稳定安全，仍然拥有大批的忠实用户，但 Slackware 的版本更新周期较长（大约 1 年），如图 1-4 所示。

（4）Fedora Linux

Fedora 项目是由 Red Hat 赞助，由开源社区与 Red Hat 工程师合作开发的项目统称。Fedora

的目标，是推动自由和开源软件更快地进步。公开的论坛，开放的过程，快速的创新，精英和透明的管理，所有这些都为实现一个自由软件提供了最好的操作系统和平台，如图 1-5 所示。

图 1-4　Slackware Linux

图 1-5　Fedora Linux

全世界的 Linux 用户最熟悉、最耳熟能详的发行版想必就是 Red Hat 了。Red Hat 最早由 Bob Young 和 Marc Ewing 在 1995 年创建。而公司在最近才开始真正步入盈利时代，这要归功于收费的 Red Hat Enterprise Linux（RHEL，Red Hat 的企业版）。而正统的 Red Hat 版本早已停止技术支持，最后一版是 Red Hat 9.0。于是，目前 Red Hat 分为两个系列：由 Red Hat 公司提供收费技术支持和更新的 Red Hat Enterprise Linux，以及由社区开发的免费的 Fedora Core。Fedora Core 1 发布于 2003 年年末，而其定位便是桌面用户，提供了最新的软件包，同时，它的版本更新周期也非常短，仅六个月。

（5）openSUSE Linux

SUSE 是德国最著名的 Linux 发行版，在全世界范围内享有较高的声誉，其自主开发的软件包管理系统 YaST 也大受好评。SUSE 于 2003 年年末被 Novell 收购。

openSUSE 项目是由 Novell 公司资助的全球性社区计划，旨在推进 Linux 的广泛使用。这个计划提供免费的 openSUSE 操作系统。openSUSE 项目的目标是：使 SUSE Linux 成为所有人都能够得到的最易于使用的 Linux 发行版，同时努力使其成为使用最广泛的开放源代码平台，如图 1-6 所示。

图 1-6　openSUSE Linux

（6）RedFlag Linux

RedFlag Linux 是由中科红旗软件技术有限公司开发研制的第一个国产操作系统。它标志着我国在发展操作系统的道路上迈出了坚实的一步。目前，红旗软件已在中国市场上成为新一代的操作系统先锋，如图 1-7 所示。

图 1-7　RedFlag Linux

【任务实施】

1. 安装 VMware

下载 VMware 7.1.4 build 的版本和 Red Hat Linux 9 的 iso 镜像文件，分别是 shrike-i386-disc1.iso1、shrike-i386-disc1.iso2、shrike-i386-disc1.iso3。

（1）在 VMware 虚拟机的使用光盘中要设置 Use ISO image file，如图 1-8 所示。

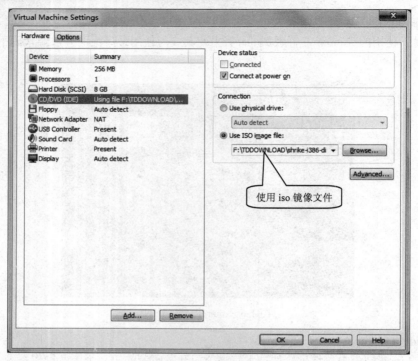

图 1-8　Use ISO image file

（2）单击 New Virtual Machine，打开创建新的虚拟机的向导，如图 1-9 所示。

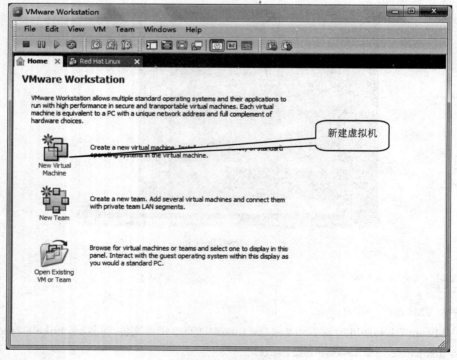

图 1-9　新建虚拟机

（3）在安装类型中选择 Typical，单击 Next，选择使用镜像文件，如图 1-10 所示。

（4）选择安装 Linux，如图 1-11 所示。

图 1-10　使用镜像文件

图 1-11　安装 Red Hat Linux

（5）选择虚拟机文件安装的路径，如图 1-12 所示。

（6）设置虚拟硬盘大小，如图 1-13 所示，然后单击 Next。

图 1-12　虚拟机文件安装的路径

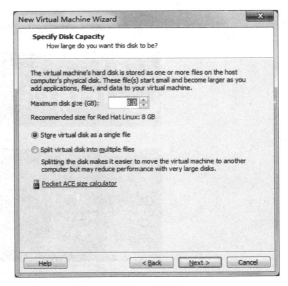

图 1-13　设置虚拟硬盘大小

（7）最后单击 Finish，启动 Linux 的安装进程。

注意：在安装过程中要更换 Linux 的镜像文件，Device status 选项组中 Connected 复选框要选中，如图 1-14 所示。

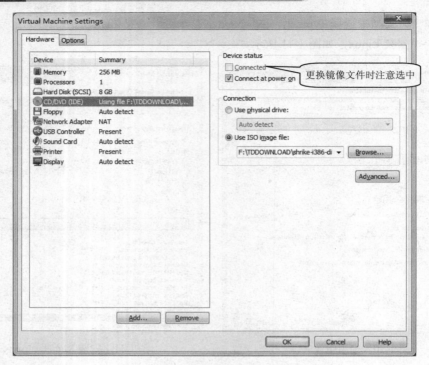

图 1-14 device status

2. 安装 Linux 系统

（1）启动安装程序

Linux 安装启动后，会进入图 1-15 所示的界面。

图 1-15 安装方式选择

直接按回车键（Enter），或等待 1 分钟就进入图形化安装方式。如果不想执行图形化安装，可以在"boot:"后面执行"Linux text"来启动文本安装模式。这里采用图形界面的安装方式，所以直接按回车键即可。

（2）检测安装光盘

安装光盘检测在正式的安装之前，安装系统会要求用户对安装光盘进行检测，以防止安装时出现错误，如图 1-16 所示。

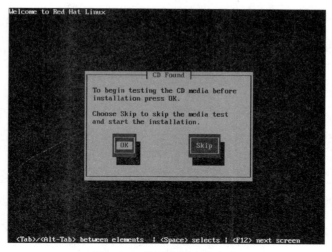

图 1-16　是否检测安装光盘

使用 Tab 键选择 Skip 按钮，进入下一步。

（3）Welcome 屏幕

在图 1-17 所示的欢迎界面中不提示用户做任何输入，可以通过阅读左侧面板内的帮助文字来获得附加说明，单击 Next 按钮继续下一步。

图 1-17　欢迎界面

（4）安装界面语言选择

进入安装语言选择界面，如图 1-18 所示，选择在安装中使用的语言。这里选择"Chinese（Simplified）（简体中文）"。安装程序将会根据这个界面上所指定的信息来定义恰当的时区。单击 Next 按钮继续。

（5）选择键盘类型

进入键盘配置界面，选择在本次安装中和今后用作系统默认的键盘布局类型（例如，美国英语式），如图 1-19 所示。选定后，单击"下一步"按钮继续。

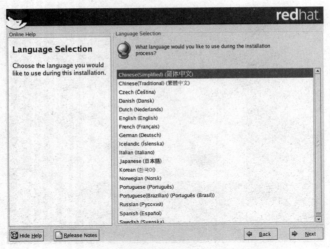

图 1-18　安装过程语言选择

图 1-19　键盘配置

（6）选择鼠标类型

进入鼠标配置界面，如图 1-20 所示。如果找不到完全匹配的类型，就选择与系统兼容的。如果没有与系统兼容的，就根据鼠标的键数和接口选择"通用"栏中的某个。

（7）选择安装类型

进入安装类型选择界面，如图 1-21 所示。Red Hat Linux 允许选择最符合需要的安装类型，本安装选择"定制"，以便自主选择安装软件包。

（8）选择分区方式

如图 1-22 所示，有两种分区方法：自动分区、用 Disk Druid 手工分区。如果对系统分区信心不足，建议选用自动分区，这是最简单的方式，适合入门用户使用；如果分割后的情况不合适，也还可以手工修改。选中"自动分区"，然后单击"下一步"按钮继续。

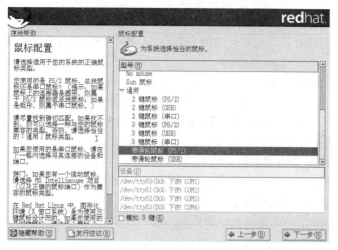

图 1-20　鼠标配置

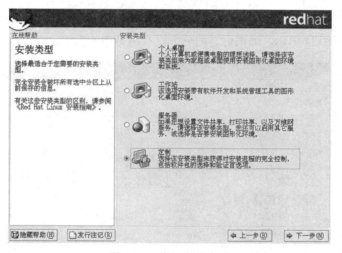

图 1-21　选择安装类型

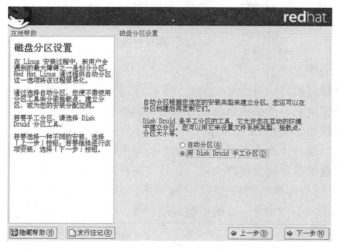

图 1-22　选择分区方式

（9）设置硬盘分区

在自动分区的窗口中，必须指定硬盘的分配方式，以作为安装程序进行磁盘分区的依据。可供选择的选项有三个。

1）删除系统内所有的 Linux 分区

该选项只删除从前安装 Linux 时创建的分区，将不会影响硬盘驱动器上可能会有的其他分区，如 NTFS、FAT32 等。适合 Linux 与 Windows 多系统共存的情况。

2）删除系统内的所有分区

选择这一选项来删除你的硬盘驱动器上的所有分区，这包括由其他操作系统如 Windows XP 等所创建的分区。如果选择了这个选项，在选定的硬盘驱动器上的所有数据将会被安装程序删除。该选项适合在整块硬盘上安装 Linux 系统。

3）保存所有的分区，使用现有的空闲空间

这一选项保留当前的硬盘驱动器上的数据和分区，如果硬盘上有足够的可用空闲空间，建议使用该选项。使用鼠标来选择想安装 Linux 的硬盘驱动器，没有被选择的硬盘驱动器及其中的数据不会受到影响。本次安装选择该项，并要选择"评审"选项。单击"下一步"按钮，将会看到系统为你创建的分区，如图 1-23 所示。如果创建的分区没有满足你的需要，还可以进行修改。

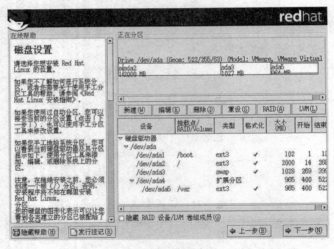

图 1-23　设置分区

（10）配置引导装载程序

引导装载程序是计算机启动时所运行的第一个软件，它的作用是载入操作系统内核软件并把计算机系统的控制权转交给它，然后内核软件再初始化剩余的操作系统。

安装程序为用户提供了 GRUB 和 LILO 两个引导程序可供选择，如果不想使用默认的 GRUB 为引导装载程序，可以单击"改变引导装载程序"按钮来修改，如图 1-24 所示。

如果要配置更高级的引导装载程序选项，如改变驱动器顺序，要选中图 1-24 中的"配置高级引导装载程序选项"，然后再单击"下一步"按钮，弹出图 1-25 所示的改变引导装载程序安装位置的对话框。可以在下面两个位置之一安装引导装载程序。

1）主引导记录（MBR）

MBR 是用户的硬盘驱动器上的一个特殊区域，它会被计算机的 BIOS 自动载入，是引导装载过程的起点。如果在 MBR 上安装了引导装载程序，计算机启动时，就会出现一个引导提示符，允许用户选择启动 Linux 或者 Windows 系统。

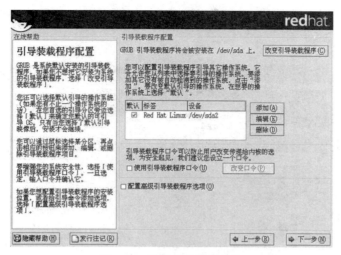

图 1-24　配置引导装载程序

2）引导分区的第一个扇区

如果已经在 MBR 上使用了另一个引导装载程序，则本次安装可以把 Linux 的引导程序安装在 Linux 所在分区的第一个扇区上。在这种情况下，原先的引导装载程序会首先取得控制权，然后可以配置它来启动新安装的 GRUB 或者 LILO，继而引导 Linux 启动。

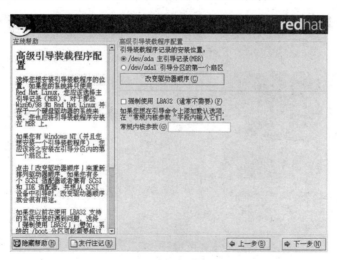

图 1-25　改变引导装载程序位置

图 1-25 中的"强制使用 LBA32"选项，可允许/boot 分区超过 1024 柱面（约 8.4GB 左右）的位置限制。如果系统可支持 LBA32（Logical Block Addressing 32-bit）扩展以启动在 1024 柱面外的操作系统并且希望/boot 分区置于 1024 柱面之外，应该选择这一选项。

（11）配置网络

安装程序会自动检测计算机系统中存在的网络设备，并把它们显示在网络设备的列表中，如图

1-26 所示。有关网络的设置将会在后面章节中详细介绍，本次安装采用系统默认设置，然后单击
"下一步"按钮继续。

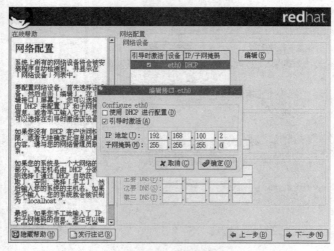

图 1-26　网络配置

（12）配置防火墙

防火墙存在于计算机和网络之间，用来判定哪些类型的数据包或者服务可以通过网卡接口出入
本机。一个正确配置的防火墙可以极大地增加联网主机的安全性。本次安装选择"无防火墙"单选
按钮，如图 1-27 所示。单击"下一步"按钮继续。

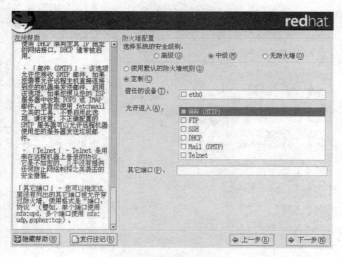

图 1-27　防火墙配置

（13）选择语言支持

进入语言支持界面，如图 1-28 所示。至少要选择一种语言作为默认系统语言，如果选择安装
了其他语言，可以在安装后改变默认语言。本次安装选择"Chinese（P.R.of China）"作为默认，其
他语言都不安装，单击"下一步"按钮继续。

图 1-28　附加语言支持

（14）配置时区

如图 1-29 所示为时区配置界面。可以通过选择计算机的物理位置，或者指定时区和通用协调时间（UTC）间的偏移来设置时区。

图 1-29　选择时区

一般采用选择计算机的物理位置的方法来设置时区，单击"位置"标签，并在列表中选择"亚洲/上海"，然后单击"下一步"按钮继续。

（15）设置根（root）口令

根用户（超级用户），与 Windows 操作系统中的管理员账号（Administrator）类似，对整个系统有完全的控制权，可以安装软件包，执行多数系统维护工作。安装程序会提示为系统设置一个根口令，如图 1-30 所示。

用户必须输入一个根口令。根口令必须至少包括 6 个字符，键入的口令不会在界面上显示。必须把口令输入两次，如果两次口令不匹配，安装程序将会让用户重新输入口令。

应该把根口令设为可以记住但又不容易被别人猜到的组合。需要注意的是，口令是区分大小写字母的。设置完根用户口令后，单击"下一步"按钮继续。

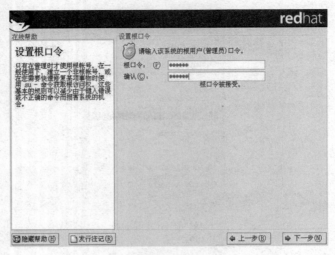

图 1-30　设置根口令

（16）验证配置

进入验证配置界面，可以设置为提高 Linux 系统的安全性而采取的措施，如图 1-31 所示。

1）启用 MD5 口令

MD5 加密算法在安全性要求较高的部门（如银行、数字认证等）被广泛采用。Linux 采用 MD5 加密算法对口令进行加密。

2）启用屏蔽口令

Linux 采用了屏蔽的口令，将真实的密码与用户名分开存储。用户名存放在/etc/passwd 文件中，而密码存放在/etc/shadow 文件中，同时对/etc/shadow 文件设置了更严格的权限，只有根用户才能查看和编辑这个文件。

上面两种严格的口令保护措施，确保了 Linux 系统更加安全。在绝大部分情况下，默认配置就足够了。单击"下一步"按钮继续。

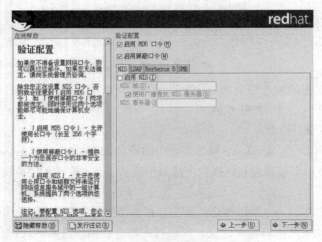

图 1-31　验证配置

（17）选择软件包

每种类型的安装，安装程序都会为用户选择一些必须安装的软件包。同时，安装程序还会提供如图 1-32 所示的软件包选择界面。

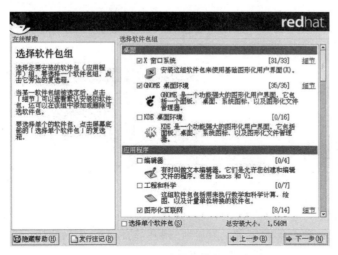

图 1-32　选择软件包

要选择一个软件包组，单击它旁边的复选框。根据机器的用途，选择想要安装的每个组件。然后，单击"下一步"按钮继续。

（18）准备安装

图 1-33 所示为准备安装的界面，它的作用是警告用户是否继续。在这一步之前所有的设置都可以撤销。要取消安装，使用 Ctrl+Alt+Del 组合键重新启动计算机即可。

图 1-33　即将安装警示

（19）安装软件包

整套 Red Hat Linux 9 安装程序共有 3 个镜像文件，安装的快慢要依据用户所选择的软件包数量和用户的计算机的速度而定，如图 1-34 所示。

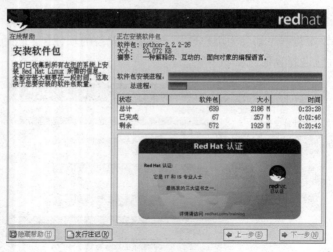

图 1-34　正在安装

（20）选择视频卡

如图 1-35 所示，该项是配置显卡，为显卡安装驱动程序。安装程序会自动地检测显卡的型号和显存的大小，然后在显卡列表中选中检测到的显卡。

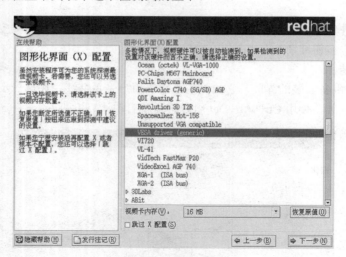

图 1-35　配置显卡

如果安装程序检测出的与真实的有出入，可以手动更改。如果没有匹配的型号，可以选择近似的。显卡设置完后，单击"下一步"按钮继续。

（21）选择显示器

安装程序会自动检测显示器，并提供一个如图 1-36 所示的显示器列表。如果用户的显示器没有在列表中出现，建议选择"Generic（通用）"型号。参数设置完后，单击"下一步"按钮继续。

（22）定制图形化配置

如图 1-37 所示是为图形界面选择正确的色彩深度和分辨率。屏幕分辨率最好先设置小一点，系统正常显示后，再逐步加大，以免造成显示器无法正常显示图形界面。

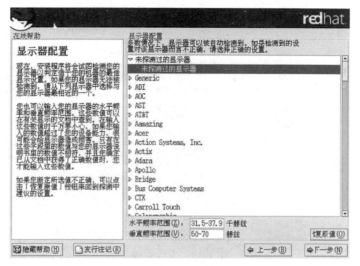

图 1-36　选择显示器

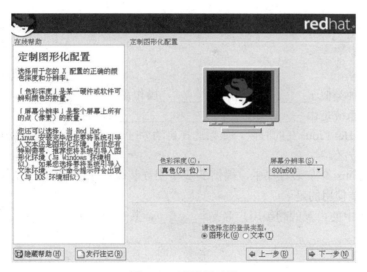

图 1-37　配置显示器

还可以选择启动 Linux 系统后，自动进入的是图形界面环境（X-Window）还是命令行界面环境。设置完成后，单击"下一步"按钮继续。

（23）安装完成

如图 1-38 所示，显示安装完成。单击"退出"按钮，重新启动计算机，即可进入 Linux 系统。

【任务检测】

以小组为单位，检测是否正确安装了 VMware 和 Red Hat Linux 9。

【任务拓展】

在自己的电脑上安装 VMware 和 Red Hat Linux 9。

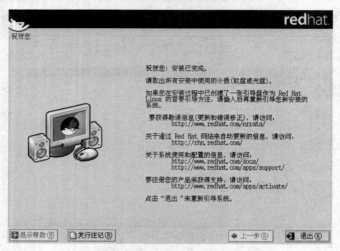

图 1-38　安装完成

思考与习题

一、填空题

1. Linux 是一种类似于_____风格的_____操作系统。

2. Linux 操作系统是由_____、_____和_____等软件构成的。

3. 在安装 Red Hat Linux 9 的时候，如果选择自动分区，则安装程序会自动将 Linux 使用的空间分成_____个分区。

4. Red Hat Linux 9 安装程序中，提供了 2 个引导装载程序供用户选择，它们是_____和_____。默认安装使用的是_____。

5. Linux 系统中的内置的超级用户名是_____，其命令提示符是_____，普通用户的命令提示符为_____。

二、判断题

1. 由于 Linux 内核体积小，并且没有知识产权，所以在嵌入式开发中被广泛使用。（　　）

2. Linux 的某一版本的内核只有一个，而基于该内核的发行版本会根据开发公司的不同有很多。（　　）

3. 所谓自由软件是指用户不必支付任何费用就可以免费使用的软件。（　　）

4. 目前，只有极少数的厂商宣布支持 Linux 系统。（　　）

5. Windows 版本的应用程序也可以在 Linux 系统中使用。（　　）

6. Fedora 版本的生存周期很短，新旧版本之间交替会带有重大的变动，这些变动可能会导致原来的服务无法正常运行。（　　）

7. Linux 操作系统比 Windows 操作系统具有更高的安全性。（　　）

8. Linux 具有良好的可移植性，这意味着 Linux 系统中的很多软件也可以在 Windows 系统中使用。（　　）

9．目前，还没有国产的 Linux 操作系统可供选用。（　　）

10．Linux 操作系统的图形界面和 Windows 操作系统一样好用。（　　）

三、选择题

1．以下（　　）不是 Linux 的特点。

  A．开放源代码   B．使用 GNU 版权

  C．支持 IDE 设备   D．只能在 Intel 平台的 PC 机上运行

2．2.4.0 的 Linux 核心是（　　）。

  A．测试版   B．稳定版

  C．Windows 版   D．PC 版

3．以下公司（　　）是 Linux 操作系统的发布商。

  A．Red Hat   B．Slackware

  C．Turbo Linux   D．以上全是

4．以下不属于服务器操作系统的是（　　），其中被公认为最好的服务器操作系统是（　　）。

  A．Windows XP   B．Windows 2003

  C．Linux   D．UNIX

5．Red Hat Linux 9 支持多种安装方式，（　　）是其中最简单快捷的安装方式。

  A．从光盘安装   B．从 NFS 服务器安装

  C．从 FTP 服务器安装   D．从硬盘安装

6．Red Hat Linux 9 默认使用的文件系统类型是（　　）。

  A．ext2   B．ext3   C．VFAT   D．swap

7．Red Hat Linux 9 交换分区必须使用的文件系统类型是（　　），根分区默认使用的文件系统类型是（　　）。

  A．ext2   B．ext3   C．VFAT   D．swap

8．以下命令中使用（　　）可以将普通用户的身份临时转换为超级用户。

  A．su   B．w   C．login   D．exit

四、简答题

1．什么是 GNU、GPL？

2．什么是 Linux 的发行版本？什么是 Linux 的内核版本？

3．什么是自由软件？

4．简述 Linux 内核版本号的构成及具体含义？

项目二
Linux 图形界面的使用

项目目标

- 了解 X-Window
- 会设置桌面背景、鼠标、主题、字体、屏幕保护程序、自定义快捷键
- 会设置系统面板
- 会设置和使用虚拟桌面
- 能利用查找文件窗口查找文件
- 会添加打印机
- 能在 Windows 与 Linux 之间设置共享

任务 1　使用 GNOME

【任务描述】

为了熟练使用 Linux 的图形用户界面，要求系统管理人员会设置首选项，设置面板，会使用虚拟桌面，利用文件管理器 Nautilus 管理文件。

【任务分析】

系统管理员登录系统后，进入图形界面环境更改图形环境的设置，可以实施更改桌面背景、添加角落面板的操作。系统管理员可以应用文件管理器 Nautilus 实现文件管理操作。

【预备知识】

1. Linux 系统的登录
（1）图形界面模式
Linux 的登录方式分为图形模式和文本模式。Red Hat Linux 9 启动后默认进入图形界面的登录

模式，如图 2-1 所示。

图 2-1　图形登录界面

在登录界面输入用户名和口令，如果输入的用户名和口令通过了系统验证，就可以进入 Linux 系统下 GNOME 界面了，如图 2-2 所示。

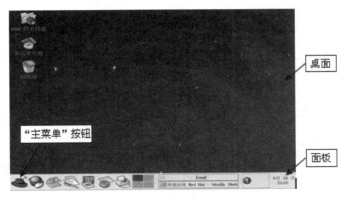

图 2-2　GNOME 图形界面

（2）文本模式

根据运行级别设置，Linux 会进入不同的登录模式，图 2-3 显示的是 Red Hat Linux 的文本登录界面。

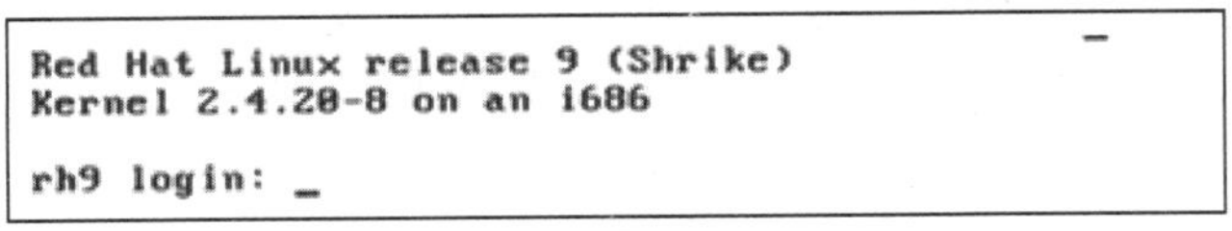

```
Red Hat Linux release 9 (Shrike)
Kernel 2.4.20-8 on an i686

rh9 login: _
```

图 2-3　文本登录界面

在登录提示符"login:"后输入用户名（如 root），并且按回车键。然后，在"password:"后输入用户口令，并按回车键。Linux 不会在屏幕上显示出口令。在输入口令的过程中，用户必须注意大小写的区别。图 2-4 显示的是 root 用户成功登录。

```
rh9 login: root
Password:
Last login: Sun Jun 28 12:54:57 on :0
You have new mail.
[root@rh9 root]# _
```

图 2-4　以 root 用户登录

Linux 命令行界面下的操作与 DOS 有很多类似的地方，但也有很多不同。它们之间的差异有：

1）在 DOS 系统中，命令、文件名和目录名中的字母不区分大小写，而在 Linux 操作系统中区分大小写。

2）在 DOS 系统中用"\"表示根目录，在 Linux 系统中则用"/"来表示；在 DOS 系统中用"\"来分隔每一层次目录，如：C:\windows；而在 Linux 系统中则用"/"来分隔，如：/home/student。

3）在 Linux 下，若要执行当前工作目录下的程序，要在文件名前加上"./"。

（3）Linux 系统的运行级别

init 进程是由 Linux 内核引导运行的第一个进程。init 进程运行后，将按照其配置文件（/etc/inittab）引导运行系统所需的其他进程。由配置文件 inittab 可知，Linux 有 7 个运行级别（runlevel），如表 2-1 所示。

表 2-1　Linux 的运行级别

运行级别	级别描述
0	停机
1	单用户。也用 S 来表示，即 Single
2	无网络状态下的多用户
3	多用户，引导进入文本登录界面
4	未使用
5	多用户，引导进入图形登录界面
6	重新引导

Red Hat Linux 9 首次启动时默认会进入第 5 个运行级别，即多用户图形界面。如果想修改系统启动后的运行级别，可以通过文本编辑器编辑修改/etc/inittab 文件内容来实现。单击 ⬛ → ⬛附件 → ⬛文本编辑器，打开/etc/inittab，如图 2-5 所示。

在文件中，以"#"开头的行是注释行。决定启动模式的命令在第 16 行，即 id:5:initdefault:。其中 id 后面的数值是 Linux 的运行级别。由于 id 后面的数值是 5，则表示 Linux 的运行级别是 5 级，即多用户图形界面。如果想让 Linux 运行在多用户文本模式下，只须将运行级别改成 3，即将文件中的"id:5:initdefault:"修改为"id:3:initdefault:"即可。

由表 2-1 可以知道，级别 0 代表关机、级别 6 代表重新启动。因此，Linux 系统的关机和重启也可以分别通过命令"init 0"和"init 6"来实现。

如果系统安装了 X-Window，则可以在命令行提示符下输入"startx"命令进入图形模式。

如果 Linux 系统启动后进入了图形界面，登录后又想使用命令，可以在"终端"方式下执行，进入终端的方法是：依次单击"主菜单"→"系统工具"→"终端"菜单命令，将弹出如图 2-6 所示的终端窗口。

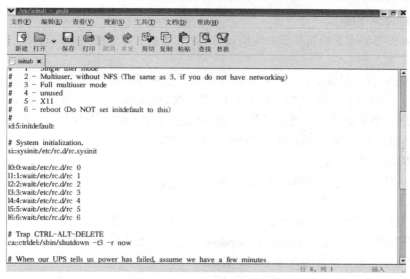

图 2-5　编辑 inittab 配置文件

图 2-6　图形界面下的终端

（4）Linux 系统的虚拟终端

终端是 UNIX 的一个特性，是指用户的输入和输出设备，主要是键盘和显示器。Red Hat Linux 9 支持多达 256 个物理终端连接到计算机上，还可实现 6 个命令行界面的虚拟终端（tty1～tty6），称为虚拟控制台。

用户可以使用组合键 Alt+F1、Alt+F2 等从一个终端上切换到另一个。在图形界面下，还可以开启若干个仿真终端（pts/0、pts/1 等）的窗口。切换终端之后，原来终端上开启的程序将继续运行，使用多个不同的虚拟终端完全可以实现多用户的同时登录。

2．Linux 系统的登录、注销与关机

命令行界面下注销当前用户，可用的方法主要有 3 种，即在命令提示符（"#"或者"$"）下，执行"logout"命令；或执行"exit"命令；或使用 Ctrl+D 组合键。成功注销后将会重新看到之前的登录提示符（"login:"）。

命令行界面下的关机，一般使用 poweroff。另外，也可以使用"halt"命令来关机，"halt"命令等同于"shutdown -h now"。重启系统可以使用"reboot"命令，"reboot"命令相当于"shutdown -r now"。

3．GNOME 图形界面

（1）什么是 X-Window

X-Window 简称 X，它是 Linux 的图形用户界面，用户可以如同使用 Microsoft Windows 系统一样，在 X-Window 图形界面下使用鼠标、窗口、图标和菜单对系统进行操作。

（2）X-Window 的组成

X-Window 图形界面系统是基于 C/S 模式实现的，它由 3 部分组成：X Server、X Client 和通信信道。

1）X Server：位于最底层，主要处理输入/输出信息并维护相关资源。X Server 接受来自键盘和鼠标的操作，并将操作交给 X Client 以进行反馈。X Client 反馈的信息由 X Server 负责输出。

2）X Client：位于最外层，负责与用户的直接交互（GNOME、KDE 都是 X Client）。

3）通信信道：用于 X Server 和 X Client 之间的衔接。

（3）X-Window 的特点

X-Window 不是内置于操作系统的，在 Linux 操作系统中它是一个相对独立的组件，具有如下优点：

1）独立于操作系统核心，易于安装和改版甚至删除，并且不需要重新启动操作系统。

2）软件开发商很容易支持并加强 X-Window 的功能。如果软件开发商提供的 X-Window 不够好，用户可以向别人购买更好的 X-Window 版本。

3）在 Server 上工作时，如果程序异常中断，只会影响到窗口系统，不会造成计算机的损坏或操作系统核心的破坏。并且，能针对不同的用户创建个性化的界面。

【任务实施】

1. 启动 Linux 操作系统

Linux 操作系统启动过程中，屏幕会出现许多提示信息，它们是系统检测硬件、加载文件系统、启动服务等的提示信息。在提示信息中：OK 表示成功；FAILED 表示失败。当系统启动成功后，将出现登录界面。Red Hat Linux 9 启动后默认进入图形界面的登录模式，在登录界面输入用户名和口令，如果输入的用户名和口令通过了系统验证，就可以进入 Linux 系统下 GNOME 界面了。

2. 设置"首选项"

双击桌面上的"从这里开始"图标，出现如图 2-7 所示的"首选项"窗口。

图 2-7 "首选项"窗口

（1）设置桌面背景

双击"背景"图标，弹出如图 2-8 所示对话框，用户可以改变桌面的背景图片及显示方式，/usr/share/backgrounds/目录中有系统自带的背景图片，也可使用其他图片。

（2）设置鼠标

双击"鼠标"图标，出现如图 2-9 所示的对话框。可以分别从按钮、光标和运动 3 个方面对鼠标进行设置，完成后单击"关闭"按钮，即可使新的设置生效。

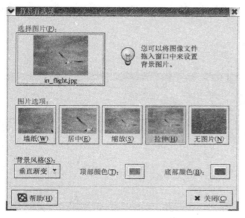

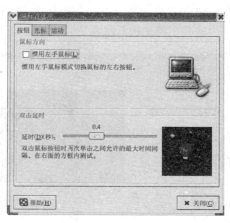

图 2-8　设置桌面背景　　　　　　　　　图 2-9　"鼠标首选项"对话框

（3）设置主题

双击"主题"图标，出现如图 2-10 所示的对话框。用户会看到多个主题的模板。选择要使用的模板后，单击"关闭"按钮即可使新的主题生效。

（4）设置字体

双击"字体"图标，出现如图 2-11 所示的对话框。选择要使用的字体后，单击"关闭"按钮，即可使新的字体设置生效。

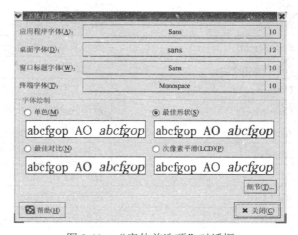

图 2-10　"主题首选项"对话框　　　　　　图 2-11　"字体首选项"对话框

（5）设置屏幕保护程序

双击"屏幕保护程序"图标，出现如图 2-12 所示的对话框。GNOME 有 4 种屏幕保护模式。

每选中一种屏幕保护程序，窗口的右侧会显示出预览效果。单击 Settings 按钮还可以设置屏幕保护程序的运行效果等。

（6）自定义快捷键

在 GNOME 桌面环境中，最有特色的一项功能就是用户可以设置快捷键，从而使操作更加简单。双击"键盘快捷键"图标，出现如图 2-13 所示的对话框。选中要修改的项，通过把 Alt、Ctrl、Shift 这 3 个功能键与键盘上的其他键组合就可以实现快捷键的修改了。

在 GNOME 桌面环境下，系统默认的快捷键及其功能如表 2-2 所示。了解和掌握这些快捷键，有助于快速而正确地进行操作。

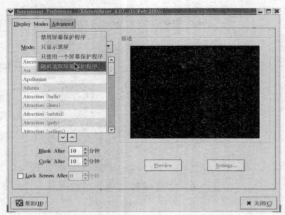
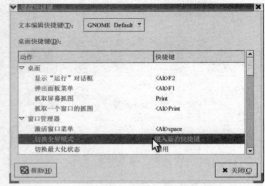

图 2-12　设置屏幕保护程序　　　　　图 2-13　"键盘快捷键"对话框

表 2-2　GNOME 的常用快捷键

快捷键	作用
F1	打开 Help 帮助浏览器
Alt+F1	打开"主菜单"
Alt+F2	打开"主菜单"→"运行程序"命令
PrintScreen	屏幕复制整个桌面
Alt+PrintScreen	屏幕复制当前窗口
Ctrl+→、←、↑、↓	切换工作区
Ctrl+Alt+D	最小化所有窗口
Alt+Tab	以对话框形式切换已打开的窗口
Alt+Esc	直接切换到已经打开的窗口
Alt＋空格键（Space）	打开窗口控制菜单
Alt＋F10	最大化当前窗口
Ctrl+X	剪贴被选内容
Ctrl+C	复制被选内容
Ctrl+V	粘贴被选内容

3．设置系统面板

用户可以根据需要设置系统面板以方便使用，提高工作效率。

（1）添加对象到面板

右击面板空白处，弹出图 2-14 所示的面板快捷菜单，选择"添加到面板"以及各项级联菜单，可以在面板上添加各种对象，如小程序、启动器、按钮、主菜单、抽屉等。

图 2-14　添加对象到面板

（2）设置面板属性

右击面板空白处，弹出图 2-14 所示的快捷菜单，单击"属性"，可以对系统面板的属性进行设置。

在"边缘面板"选项卡中可将系统面板设置为自动隐藏，可以改变面板的大小和位置，如图 2-15 所示；在"背景"选项卡中可以设置面板的背景图片和颜色等，如图 2-16 所示。

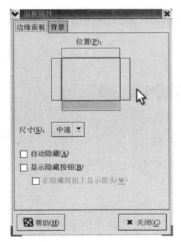

图 2-15　"边缘面板"选项卡

图 2-16　"背景"选项卡

（3）删除与移动面板上的对象

右击面板上的对象，比如，将弹出图 2-17 所示的快捷菜单，单击"从面板上删除"，可以删除面板上的选定对象；单击"移动"，就可以拖动选定的对象到系统面板的任何位置，如图 2-18 所示。

4．窗口控制

如图 2-19 所示的"首选项"窗口，标题栏显示当前窗口的名称，双击可将窗口卷起，再次双击则还原窗口。窗口的右上角有 3 个不同功能的按钮，从左到右依次为"最小化"、"最大化"和"关闭"按钮，可用于改变窗口状态。

图 2-17 面板对象菜单　　　　　　　　　　　图 2-18 移动面板对象

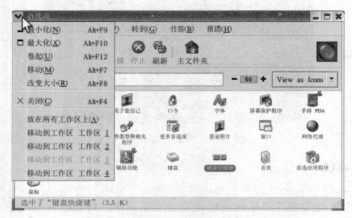

图 2-19 窗口控制菜单和按钮

单击窗口左上角的向下箭头按钮，就会出现窗口控制菜单，如图 2-19 所示，其中部分菜单项的作用如下。

1）卷起：将窗口缩小为标题栏，如图 2-20 所示。

图 2-20 卷起的窗口

2）移动到工作区 1：将该窗口从当前工作区移动到工作区 1。

3）移动到工作区 3：由于该窗口在工作区 3 中打开，则此时该命令为灰色，不能使用。

4）放在所有工作区上：在所有的工作区上都出现该窗口。

5. 设置和使用虚拟桌面

在 Linux 中有一个特别有用的功能，那就是虚拟桌面。通过该功能可以将不同的窗口放在不同的桌面中，从而便于操作。

虚拟桌面可以简单地理解为对桌面的分区，默认情况下，所有 Linux 发行版本都只有 4 个虚拟桌面，其表示为状态栏中的 4 个小方块 ▦，每当要使用一个桌面时就单击该桌面对应的方块，随后就可以看到该桌面中的内容。

用户如果要自定义虚拟桌面的个数以及相关属性，可以在任务栏的虚拟桌面中右击，在弹出的快捷菜单中选择"首选项"命令，打开如图 2-21 所示的虚拟桌面对话框，然后进行相关设置。

6. 系统设置

双击"系统设置"图标，弹出如图 2-22 所示界面，选择其中的配置项，就可对 Linux 进行相应的配置，如设置日期和时间、显示效果等。由于系统设置将影响整个计算机系统的运行，因此"系统设置"下的各项设置都需要超级用户权限。

图 2-21　虚拟桌面设置

图 2-22　"系统设置"窗口

当以普通用户账号登录到系统后，双击"系统设置"下的任意图标，都会弹出类似图 2-23 所示的对话框，要求输入超级用户（root 用户）的口令。只有输入正确的口令后，普通用户才能拥有超级用户权限，才能进行系统设置。

图 2-23　验证用户身份

（1）设置显示效果

双击"显示"按钮，弹出如图 2-24、图 2-25 所示对话框，可以看到目前正在使用的显示器类型和显卡型号，以及正在使用的显示分辨率和色彩深度。Linux 系统能自动检测显示器的最大分辨率和色彩深度。

在对话框中可以调整屏幕的分辨率和色彩深度，分辨率数值越高，显示器一次显示中所显示的图像就越多，而桌面图标就显得越小；色彩深度决定显示的颜色数量，色彩深度越大，颜色越丰富。

完成配置后，单击"确定"按钮，将出现提示信息框，提醒新的设置将在下次启动 X-Window 时才生效。对显示设置的修改全部保留到/etc/X11/XF86-Config 文件中。

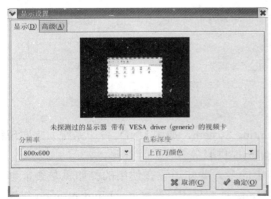

图 2-24　设置显示效果

图 2-25　设置显示器与显卡

（2）设置系统语言

如果选择安装了除默认语言之外的其他语言，则可将系统的语言环境设置为其他语言。双击"语言"图标，就会显示出系统中已经安装的语言，如图 2-26 所示。

图 2-26　选择语言

（3）设置键盘和鼠标

与"首选项"菜单一样，"系统设置"菜单中也有"鼠标"和"键盘"两个设置项，但是其设置内容完全不同，如图 2-27 和图 2-28 所示。在"键盘"对话框中可设置键盘的类型，在"鼠标配置"对话框中可设置鼠标的类型，以及是否模拟三键等。

图 2-27　设置键盘类型

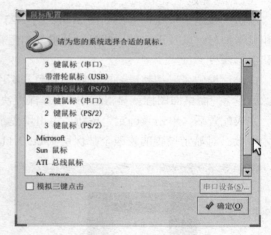

图 2-28　设置鼠标类型

（4）设置打印机

Red Hat Linux 采用 CUPS（Common UNIX Printing System，通用 UNIX 打印系统）来实现打印管理。CUPS 包含一系列打印工具，能为很多打印机提供服务。

Linux 中可以使用的打印机远没有 Windows 中的多，要知道正在使用的打印机是否能够在 Linux 下使用，可访问 http://www.Linuxprinting.org/Linux 查询打印机数据库。Linux printing 组织将现有的打印机分为 4 个级别，级别越高的打印机在 Linux 环境中打印效果越好，而级别太低的打印机根本不能用于 Linux 环境。

　　在此以 Canon BJ200 为例，说明本地打印机的安装和使用方法。要添加本地打印机，单击"Printing"图标，弹出"打印机配置"窗口，如图 2-29 所示，显示目前没有安装任何打印机。

　　单击工具栏中的"新建"按钮，将出现添加新打印队列向导，单击"前进"按钮。弹出如图 2-30 所示对话框，提示管理员设置打印队列（打印机）的名称以及描述信息。

图 2-29　打印机配置窗口

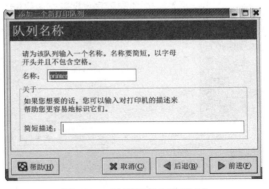

图 2-30　设置新的打印队列

　　在"名称"文本框中输入打印队列的名称。打印队列的名称可以包含字母、数字、短线和下划线，但不能包含空格，并必须以字母开头。在"简短描述"文本框中可以输入这个打印队列（打印机）的描述信息，也可以不输入。

　　设置完后，单击"前进"按钮，弹出如图 2-31 所示对话框，设置打印机的连接方式和设备名。由于在此是安装本地打印机，因此从"选择队列类型"下拉列表框中选择"本地连接"，然后选择设备。

　　Linux 将采用并口的第 1 台打印机称为/dev/lp0，而将采用 USB 接口的第 1 台打印机称为/dev/usb/lp0。如果列表中没有设备，单击"重扫描设备"按钮可重新扫描打印机或单击"定制设备"按钮来手工指定。

　　设置完后，单击"前进"按钮继续，弹出图 2-32 所示的对话框，选择打印机制造商和型号。选择完毕后，单击"前进"按钮，弹出图 2-33 所示对话框，如果不需要修改前面的设置则单击"应用"按钮完成打印机安装工作。此时"打印机配置"窗口中会出现刚才添加的打印机，如图 2-34 所示。如果一切正常，则表示打印机已配置成功。

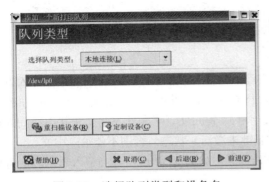

图 2-31　选择队列类型和设备名

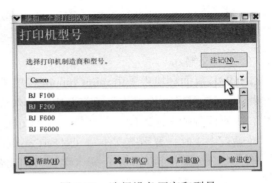

图 2-32　选择设备厂家和型号

　　当安装有多个打印机时，可将其中任意一个打印机设置为默认打印机。选中某个打印机，然后单击工具栏上的"默认"按钮，则该打印机的"默认"栏将会出现 ✔ 图标。单击工具栏上的"编辑"按钮，在弹出的对话框中可以修改选中打印机的各项设置。完成上述操作后都应单击工具栏上的"应用"按钮保存改变并重新启动打印机守护进程以便新设置生效。如果要删除打印机，选择需要删除的打印机，然后单击工具栏上的"删除"按钮即可。

图 2-33　打印机安装完成

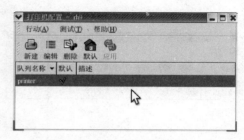

图 2-34　添加打印机后的窗口

Linux 中无论打印文本还是打印图像，打印作业都并不是直接送到打印机的，而是先送到打印缓冲区，排列形成打印假脱机队列后才由打印机打印。Linux 中每一台打印机都有自己的打印缓冲区。打印假脱机队列是一个被发送给打印机的关于打印作业以及每个打印请求信息的列表。这些信息包括打印请求的状态、发送请求的用户名、发送请求的系统主机名、作业号码等。

单击系统面板上的打印管理器图标 🖨，可启动 GNOME 打印管理器，如图 2-35 所示。双击 GNOME 打印管理器中的打印机图标可查看打印假脱机队列，如图 2-36 所示。如果打印假脱机队列中有活跃的打印作业，打印机通知图标会出现在系统面板的通知区域。因为它每隔 5 秒钟探测一次打印作业，所以较短的打印作业可能不会显示图标。

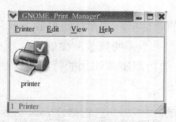

图 2-35　打印管理器

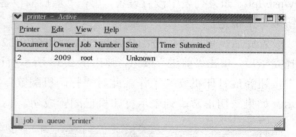

图 2-36　查看打印作业

（5）中文输入

GNOME 桌面环境中采用 miniChinput 程序来实现中文输入，这与 Windows 中的中文输入方法十分相似。按"Ctrl＋空格键"可打开中文输入法，按 Ctrl+Shift 键可以在智能拼音、GBK 拼音、双拼和内码四种输入法之间相互切换。按"Ctrl+.（句号）"键可实现半角状态与全角状态之间的转换。在输入中文时，要用英文小写（对应 Caps Lock 键未激活）状态，否则不能输入中文。

输入条分为两个独立部分：输入编辑区和词条选择区，如图 2-37 所示。当输入重码时，可按"."或","键进行翻页。

在输入条的任何区域，单击鼠标右键将会弹出"虚拟键盘"，如图 2-38 所示。单击虚拟键盘上想要输入的字符，可以实现输入。

7. 使用文件管理器

GNOME 桌面环境包括一个名为 Nautilus 的文件管理工具，其类似 Windows 中的"资源管理器"。双击桌面上的用户主目录图标  可以打开文件管理器，如图 2-39 所示。文件管理器窗口主要由以下几个部分组成，下面分别介绍其作用。

图 2-37   中文输入   图 2-38   虚拟键盘

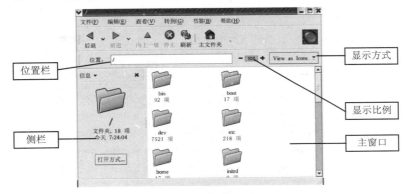

图 2-39   文件管理器

（1）主窗口

主窗口用来展示被浏览对象所包含的内容，按照 Nautilus 的默认设置，文件和文件夹均以图标方式显示，图像文件的图标显示为该图像的缩略图，文本文件的图标显示为文本开头的内容。

不同的用户对同一个文件可执行的操作并不相同。只有具有相应的权限才能进行相应的操作。对于可执行文件而言，打开意味着运行这一文件，而对于非执行文件而言，打开意味着查看文件的内容。

双击文件时，Nautilus 按照默认的设置打开文件。文本文件和图片文件将直接显示在 Nautilus 窗口，其他文件则按照文件类型与默认应用程序的关联关系，启动默认的关联程序后打开。

（2）侧栏

在文件管理器窗口中，单击"查看"→"侧栏"菜单命令，则在窗口的左侧会出现侧栏。侧栏中根据用户的选择可以显示以下几种内容。

1）信息：显示当前文件夹的简要信息。

2）历史：显示最近浏览过的文件和文件夹列表。

3）徽标：显示可供使用的部分徽标。一个文件或文件夹可拥有多个徽标，拖动徽标到文件或文件夹图标就可以设置。徽标是 Nautilus 文件管理器特有的一种文件属性，其附加出现在文件和文件夹图标上，以表示文件和文件夹的特性，非常美观。

4）树：显示整个 Linux 系统的目录树结构。

5）注释：设置或显示文件和文件夹的注释信息。注释信息也是 Nautilus 文件管理器中特有的功能。

（3）位置栏

位置栏显示正在浏览的文件路径。如果输入其他文件或目录路径，并按 Enter 键，即可查看拥有访问权限的指定对象。位置栏还可以输入 FTP 网站的 URL 地址，以访问 FTP 服务器上的文件。

（4）显示比例按钮

点击╋或━按钮，可以在 25%～400%之间调整主窗口中显示对象的显示比例，默认的显示比例是 100%。

（5）显示方式按钮

Nautilus 提供如下两种显示方式。View as Icons：以图标视图方式显示，这是 Nautilus 默认的显示方式，如图 2-39 所示；View as List：以列表视图方式显示，如图 2-40 所示。列表方式不仅显示文件名，还显示文件大小、类型、修改日期等信息。

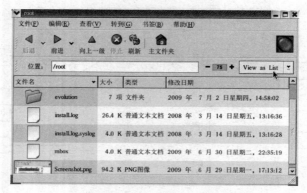

图 2-40　以列表方式显示

（6）快捷菜单

在文件或文件夹上右击，弹出如图 2-41 所示的快捷菜单。如果在主窗口的空白处右击，弹出如图 2-42 所示的快捷菜单。

图 2-41　快捷菜单

图 2-42　快捷菜单

两个快捷菜单包含了与文件和文件夹基本操作相关的菜单命令，与菜单栏中的命令功能相同。利用 Nautilus 的菜单栏或快捷菜单，可轻松打开文件、压缩文件，进行文件剪切、复制、删除、粘贴等操作，并可就地复制文件、创建文件的链接和修改文件属性等。

（7）文件属性对话框

利用快捷菜单上的"属性"命令，可以打开选定文件的属性对话框，如图 2-43 所示，其中包括 4 个选项卡，它们的功能如下。

1）基本：显示文件名、文件类型、大小、存放位置、最后修改时间和最后访问时间等文件的基本信息，在该选项卡中可修改文件名及其图标。

2）徽标：可以添加或删除徽标，该文件正在使用的徽标复选框为选中状态。

3）权限：可以设置该文件的所有者、所属组群以及用户权限等信息，如图 2-44 所示。

图 2-43　"基本"选项卡

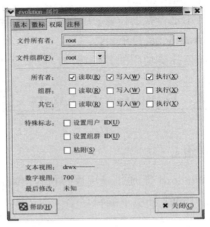

图 2-44　"权限"选项卡

4）注释：可为文件设置注释信息。

（8）查找文件和目录

如果用户忘记了某个文件或目录存放的地方，或者记不清楚了文件或目录的名称，可以使用系统的查找功能。依次单击"主菜单"→"搜索文件"菜单命令，弹出如图 2-45 所示的窗口。在该窗口中，可以为查找文件设定以下内容。

图 2-45　"搜索文件"窗口

1）File is named

用于指定要查找的文件的名称。当我们需要查找某类文件，或者只知道某个文件的部分名称时，可以使用通配符来缩小查找的范围。常用通配符的作用如下：

① "*"：代表任意多个任意字符。

② "？"：代表 1 个任意字符。

③ "[a-z]"：表示匹配方括号中的两个字符之间的任意 1 个字符。

④ "[!a-z]"：表示匹配不在方括号中两个字符之间的任意 1 个字符。

⑤ "[…]"：表示匹配方括号中的任意 1 个字符。

2）Look in folder

用于指定查找的位置。用户可以输入查找的路径，或者通过"浏览"按钮来选择要查找的路径。

3）Additional Options

增加查找要使用的其他选项，最多有 12 个可以设定的条件。

任务2　Windows 与 Linux 之间文件共享

【任务描述】

在 Windows 下通过使用虚拟机 VMware 安装了 Linux，若 Windows 下有个文件 d:\test.txt，现在需要在 Linux 环境下编辑这个文本文件。

【任务分析】

管理员可以在 VMware 中设置共享，然后把 d:\test.txt 文件复制到共享设置里，Linux 下可以首先安装 VMware-tools 工具，挂载 hgfs 文件系统后，进入 hgfs 目录访问共享文件。

【预备知识】

虚拟机是指通过软件模拟的具有完整硬件系统功能的、运行在一个完全隔离环境中的完整计算机系统。通过虚拟机软件，用户可以在一台物理计算机上模拟出一台或多台虚拟的计算机，这些虚拟机完全就像真正的计算机那样进行工作，例如用户可以安装操作系统、安装应用程序、访问网络资源等。对于用户而言，它只是运行在物理计算机上的一个应用程序，但是对于在虚拟机中运行的应用程序而言，它就是一台真正的计算机。

VMware Workstation（中文名"威睿工作站"）是一款功能强大的桌面虚拟计算机软件，提供用户可在单一的桌面上同时运行不同的操作系统和进行开发、测试、部署新的应用程序的最佳解决方案。VMware Workstation 的开发商为 VMware（中文名"威睿"，VMware Workstation 就是以开发商 VMware 为开头名称，Workstation 的含义为"工作站"），VMware 成立于 1998 年，为 EMC 公司的子公司，总部设在美国加利福尼亚州帕罗奥多市，是全球桌面到数据中心虚拟化解决方案的领导厂商。

【任务实施】

1. hgfs 文件系统的挂载

在 VMware 虚拟机中 VM 菜单下选择"Install VMware Tools，弹出 cdrom 窗口，在桌面新

建终端：

```
[root@localhost root]# cd/mnt/cdrom
[root@localhost cdrom]# ls
[root@localhost cdrom]# cp VMwareTools-8.4.6-385536.tar.gz /home
[root@localhost cdrom]# cd /home
[root@localhost home]# tar xzvf VMwareTools-8.4.6-385536.tar.gz
[root@localhost home]# cd vmware-tools-distrib
[root@localhost vmware-tools-distrib]# ./vmware-install.pl
```

在需要作出设置或选择的时候都采用默认设置。

2. Windows 文件与 Linux 文件共享的设置

在 VMware 窗口中单击"虚拟机"→"设置"，打开"虚拟机设置"窗口。在"选项"选项卡中设置共享文件夹，单击"添加"按钮，把 D:\temp 目录设置为共享文件夹。如图 2-46、图 2-47、图 2-48 所示。

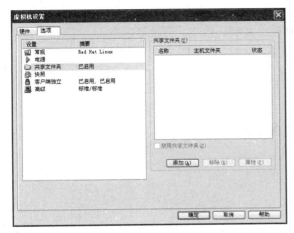

图 2-46　"选项"选项卡

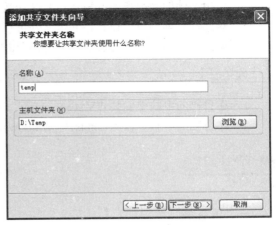

图 2-47　设置共享文件夹

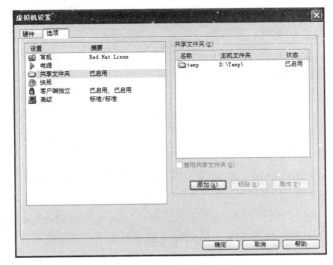

图 2-48　启用共享文件夹

在 Linux 环境下，在/mnt/hgfs 目录下可访问 Windows 文件；同样，在 Windows 环境下，在 D:\temp 目录下可访问放置在/mnt/hgfs 目录下的 Linux 文件。

3. 访问共享文件

1）在 Linux 下访问 Windows 文件：

```
[root@localhost root]# cd /mnt/hgfs/temp
[root@localhost temp]# ls
```

2）在 Windows 下访问 Linux 文件：

在资源管理器中打开 d:\temp 即可访问 Linux 文件。

【任务检测】

每个小组的成员都应该熟悉以下内容：

1. 添加角落面板，面板上放置一个抽屉，把应用终端图标或其他应用程序图标放置到抽屉里。
2. 使用不同的虚拟桌面开启窗口，并切换。
3. 对文件管理器进行设置，并对文件进行移动、复制、删除、查找等操作。
4. 创建仿真终端，并熟悉命令行各部分的含义。

【任务拓展】

1. 在自己的电脑中安装"VMware tools"。
2. 在自己的电脑中设置 Linux 与 Windows 之间的共享。

思考与习题

一、填空题

1. 使用图形化的桌面环境可以方便地进入计算机上的应用程序和系统设置，目前 Linux 上最常用的桌面环境有两个：_____和_____。
2. X-Window 图形界面系统，简称为_____，它是基于_____模式实现的，它由 3 部分组成：_____、_____和_____。
3. Linux 为用户提供的操作界面有 2 大类，即_____和_____。
4. Linux 系统下的图形界面叫_____。

二、综合题

1. 简述 Linux 操作系统有哪些主要的特点？
2. Linux 系统有几个运行级别？如何设定系统启动后自动进入的级别？如何让 Linux 主机开机后，默认进入字符登录界面？
3. 用户 marry 登录后在命令行界面有如下信息："marry@localhost marry"$，请解释@前的 marry 和@后的 marry 分别表示什么含义？localhost 表示什么含义？$表示什么含义？

项目三

常用软件应用

项目目标

- 会使用 OpenOffice-calc 处理电子数据
- 会使用 OpenOffice-writer 编辑文本
- 会使用 OpenOffice-writer 进行邮件合并
- 会使用 OpenOffice-empress 制作演示文稿
- 会使用 VI

任务 1 OpenOffice 应用

【任务描述】

有一些学生成绩，需要求出每个同学的总评成绩、平均分、名次和成绩情况，并通过图表来反映同学的成绩，还需要通过邮件合并制作通知单。

【任务分析】

可以使用 OpenOffice writer 进行邮件合并，使用 OpenOffice calc 自定义公式来求总评成绩，使用 calc 中的函数计算平均分、名次和成绩情况，使用柱形图来比较几位同学成绩的高低。

【预备知识】

1. Linux 中的软件介绍

Linux 是操作系统的核心，只完成最基本的控制与管理，并不给用户提供各种工具和应用软件。但一套优秀的操作系统只有核心是远远不够的，在 Red Hat Linux 操作系统平台下集成了很多的应用程序和软件开发工具，主要分为如下几类：

（1）文本处理工具

Linux 操作系统下有许多文本处理工具，如：OpenOffice、Abiword、Gnumeric、Gedit、Kivio、Kword、Scribus、Ed、Ex、VI 和 Emacs 等。其中，Ed 和 Ex 是行编辑器，Vi 和 Emacs 是全屏幕编辑器，OpenOffice 是类似 Microsoft Office 的办公软件。

（2）X-Window

X-Window 系统是一种图形用户界面。它是非常灵活的、可以配置的 GUI 环境。目前非常流行的 GNOME、KDE 图形用户界面都基于 X Window。

（3）编程语言和开发工具

在 Linux 操作系统上，可以使用多种编程语言、脚本语言和开发工具。如：C、C++、Fortran、ADA、Perl、Pascal、Java、gcc 等。

（4）Internet 工具软件

在 Linux 操作系统中能够使用的 Internet 工具软件比较多，如：浏览器软件 Netscape 和 Mozilla；邮件阅读软件 Evolution；Internet 服务器软件 Apache 和 WU-FTP 等。

（5）数据库

在 Linux 操作系统中能够使用的数据库较多，如：Informix、Oracle、DB2、Sybase、MySQL 等。

2．OpenOffice 简介

OpenOffice 原是 Sun 公司的一套商业级 Office 软件，经过 Sun 公司公开程序码之后，正式命名为 OpenOffice 发展计划，并由许许多多热心于自由软件的人士共同来维护。让大家在 MS Office 之外，还能有免费的 Office 软件可以使用。OpenOffice 是个整合性的软件，里面包含了许许多多的工具，其功能绝对不比微软的 MS Office 差，不但可以有 Word 一样的字处理，制作简单的图形，更有功能强大的图表功能，也能编写网页，还可以做出 MS Office 中很难处理的数学符号等。

【任务实施】

1．设置语言和字体

打开 OpenOffice.org calc，在"选项"→"语言设定"中，"支持中日韩语言"复选框选择"使用"；"中日韩语言"列表中选择"中文"。

在"文本文档"→"标准字体（西文）"和"标准字体（中日韩）"中都选择"AR PL KaitiM GB"。默认情况下，OpenOffice.org calc 并没有安装 MS Office 中的宋体、楷体、黑体等中文字体。因为这些字体是受知识产权保护的。

2．利用 OpenOffice.org calc 处理学生成绩

打开 OpenOffice.org calc，新建、重命名工作表，如图 3-1 所示，注意在 OpenOffice.org1.0 中不支持中文工作表名。

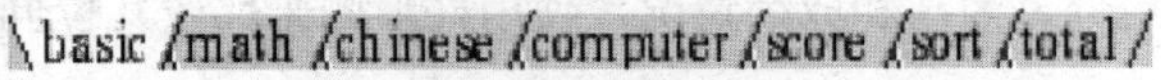

\basic /math /chinese /computer /score /sort /total /

图 3-1　工作表的新建与重命名

在 basic 工作表中输入学生基本信息，在 math 工作表中输入学生成绩的原始数据，如图 3-2 所示。

在 G2 单元格中输入公式 =ROUND(C2*20%+D2*20%+E2*20%+F2*40%;0)，注意在 OpenOffice.org calc 中使用函数时参数之间使用的分隔符是"分号"。拖动填充柄计算其他同学的成绩。在 chinese、computer 工作表中采用同样的方法可计算出大学语文、计算机基础的成绩。

	A	B	C	D	E	F	G
1	学号	姓名	平时成绩	实验成绩	期中成绩	期末成绩	总评成绩
2	200606111101	白建强	70	70	85	74	
3	200606111102	陈晓莉	90	92	96	56	
4	200606111104	段冬妮	90	94	65	23	
5	200606111105	郭玉莹	95	96	85	65	
6	200606111106	何杨	95	90	74	69	
7	200606111107	胡杰	82	90	63	67	
8	200606111108	蒋远婷	90	85	62	64	

图 3-2　计算单科总评成绩

在 score 工作表中对学生成绩进行综合处理，如图 3-3 所示。

	A	B	C	D	E	F	G	H	I
1	学号	姓名	计算机应用	数学	大学语文	总分	平均分	名次	成绩情况
2	200606111101	白建强	69	75	72	216	72	2	中
3	200606111102	陈晓莉	66	78	66	210	70	5	中
4	200606111104	段冬妮	64	59	43	166	55	7	不及格
5	200606111105	郭玉莹	74	81	76	231	77	1	中
6	200606111106	何杨	69	79	67	215	72	3	中
7	200606111107	胡杰	50	74	77	201	67	6	及格
8	200606111108	蒋远婷	70	73	70	213	71	4	中

图 3-3　成绩综合处理

在 C2 单元格中输入公式=computer.G2，在 D2 单元格中输入公式=math.G2，在 E2 单元格中输入公式=Chinese.G2，通过单元格的引用可以实现数据的联动。

在 F2 单元格中输入公式=SUM(C2:E2)，在 G2 单元格中输入公式=ROUND(AVERAGE(C2:E2);0)，在 H2 单元格中输入公式=RANK(F2;$F$2:$F$8;0)，在 I2 单元格中输入公式=IF(G2>=90; "优";IF(G2>=80;"良";IF(G2>=70; "中";IF(G2>=60; "及格";"不及格"))))。拖动填充柄计算出其他同学成绩。

利用 MAX、MIN、AVERAGE 函数还可以计算出单科的最高分、最低分、平均分。

选择 G2:G8，设置有条件的格式，定义单元格数值如果小于 60，则格式为"卡片"。在"格式"→"样式"目录中更改"卡片"样式的格式，如设置字体效果为"轮廓"。

按住 Ctrl 键先选择 B1:B8 G2:G8 数据区域，单击"插入"菜单的"图表"，选择子表类型为"一般"的柱形图，修改图表标题、图例、X 轴的字体为"AR PL KaitiM GB"，否则显示为乱码。修改 Y 轴数据刻度、Y 轴刻度线、系列填充等，拖动图表左上角的锚状标记可改变位置，如图 3-4 所示。

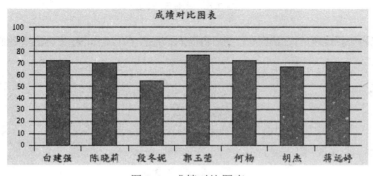

图 3-4　成绩对比图表

OpenOffice.org calc 也支持数据排序、分类汇总，合并计算、单变量求解、数据助理等功能。

其中数据助理类似于 MS Office Excel 的数据透视表，使用方法相差无几。

3. 利用 OpenOffice.org writer 进行邮件合并

打开 OpenOffice.org write，制作主控文档。

在"工具"→"数据源"中选择"新建数据源"，确定名称，数据库类型选择"工作表文档"，确定数据源的 URL 地址。

选择"插入""→"字段指令"，在"字段指令"对话框中选择"数据库"选项卡，选择"邮件合并字段"，在主控文档的相应位置插入来自工作表中的标题行字段，如图 3-5 所示。

XXXX学院成绩通知单

<姓名>同学：

你好！

这学期经过你的努力学习，期末成绩取得了<成绩情况> 成绩，成绩单如下：

计算机	<计算机应用>
数学	<数学>
大学语文	<大学语文 >
总分	<总分>
名次	<名次>

图 3-5　成绩通知单

选择"视图"→"数据源"或按快捷键 F4，打开数据源浏览界面，单击"邮件合并"按钮，如图 3-6 所示。打开"邮件合并"对话框，在"邮件合并"对话框中，数据条目选择从 1 至 8，输出选择"文件"，确定合并文档保存的路径以及文件名的生成方式，如图 3-7 所示，单击"确定"按钮可实现邮件合并。

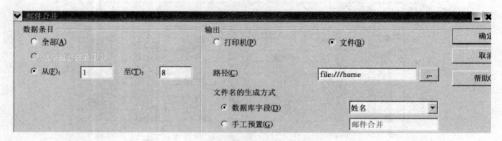

图 3-6　选择数据源

图 3-7　邮件合并

任务2　使用 VI

【任务描述】

使用 VI 编写比较随机输入的 3 个数的大小，并按由小到大的顺序显示输出。

【任务分析】

在 Linux 环境下，很多服务的配置文件是文本文件，使用 VI 可以非常方便地编辑配置文件。另外也常使用 VI 进行 C、C++源程序的编辑。

【预备知识】

1. 文本编辑器 VI

Linux 系统提供了多种文本编辑器，如：VI、Emacs 等。VI 是所有 Linux 系统中最常用的编辑器。VI 是"Visual Interface"的简称，是 Linux 系统的全屏幕交互式编辑程序。VI 不能通过菜单来进行编辑，只能通过命令来编辑。

VI 程序有 3 种基本的工作模式：命令模式、插入模式和末行模式。默认情况下，VI 启动时为命令模式。命令模式用来执行编排文件的操作命令，插入模式用来输入文本；末行模式用于存档、退出以及设置 VI。

用户可以根据需要改变 VI 的工作模式：进入命令模式，按 Esc 键；进入插入模式，可以按 i、insert、a 或 o 键中的任何一个；进入末行模式，要先进入命令模式，再输入字符"："。如果不能断定目前处于什么模式，则可以多按几次 Esc 键，这时系统会发出蜂鸣声，证明已经进入命令模式。

2. 在 VI 下建立和修改文件

（1）新建或修改文本文件

在命令行提示符下输入 vi 和新建文件名，便可进入 VI 文本编辑器。例如：在目录/tmp 下面新建一个名字为 test 的文本文件。

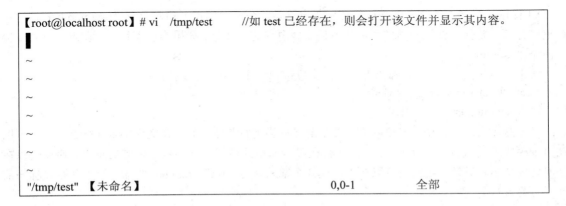

```
【root@localhost root】# vi   /tmp/test        //如 test 已经存在，则会打开该文件并显示其内容。

~
~
~
~
~
~
~
"/tmp/test"【未命名】                          0,0-1        全部
```

进入 VI 之后，首先进入命令行模式。这时 VI 向你显示一个带字符"~"栏的屏幕。由于当前 VI 是在命令模式，还不能输入文本。如果想输入文本，可以按下键盘上的 i 或 insert 键，使 VI 编

辑器进入插入模式，表示现在可以向 VI 编辑器输入文本。并且，在屏幕最下一行会出现"-- 插入 --"提示、光标所在位置（行数,字符数），以及打开区域占全文件的比例。

```
【root@ localhost root】# vi    /tmp/test
#include<stdio.h>
Main()
{
   Printf("hello,world")
}
~
~
~
-- 插入 --                                   4,7                全部
```

（2）保存编辑的文件并退出 VI 编辑器

当编辑完文件后准备保存文件时，按下 Esc 键将 VI 编辑器从插入模式转为命令模式，再输入命令":wq"。"w"表示存盘，"q"表示退出 VI。也可以先执行"w"，再执行"q"。这时，编辑的文件被保存并退出 vi 编辑器。

```
【root@ localhost root】# vi    /tmp/test
#include<stdio.h>
main()
{
   Printf("hello,world")
~
~
: wq ▮                                         //注意："："号必须在英文状态下输入
```

（3）行号设置与光标位置

VI 提供了给文本加行号的功能。使用的方法是，在末行模式下输入命令"：set number"。注意这里的行号只是显示给用户看的，它并不是文件内容的一部分。如果想取消行号，在末行模式下输入命令"：set nonu"。

如果要在每次启动 VI 后都出现行号，可以创建一个~/.vimrc 文件：

[root@localhost root]# vi   ~/.vimrc

输入 set number，保存退出。

在一些较大的文件中，用户可能需要了解光标当前行是哪一行，在文件中处于什么位置，可以在命令模式下用组合键 Ctrl+G，此时 VI 会在显示窗口的最后一行显示出相应信息。该命令可以在任何时候使用。另外，我们还可以在末行模式下输入命令"nu"（number 的缩写）来获得光标当前的行号与该行的内容。

【任务实施】

1. 熟悉 VI 编辑器

root@local host root# vi　test.c

（1）进入插入模式命令

a	在光标后输入文本
A	在当前行末尾输入文本
i	在光标前输入文本
I	在当前行开始输入文本
o	在当前行后输入新一行
O	在当前行前输入新一行

（2）光标移动命令

B	移动到当前单词的开始
e	移动到当前单词的结尾
w	向后移动一个单词
h	向前移动一个字符
j	向下移动一行
k	向上移动一行
l	向后移动一个字符

（3）删除操作命令

x	删除光标所在的字符
dw	删除光标所在的单词
d$	删除光标至行尾的所有字符
D	同 d$
dd	删除当前行

（4）改变与替换命令

r	替换光标所在的字符
R	替换字符序列
cw	替换一个单词
ce	同 cw
cb	替换光标所在的前一字符
c$	替换自光标位置至行尾的所有字符
C	同 c$
cc	替换当前行

（5）查询命令

/abc	向后查询字串"abc"
?abc	向前查询字串"abc"
n	重复前一次查询
N	重复前一次查询，但方向相反

（6）拷贝与粘贴命令

yw	将光标所在单词拷入剪贴板
y$	将光标至行尾的字符拷入剪贴板
Y	同 y$
yy	将当前行拷入剪贴板
p	将剪贴板中的内容粘贴在光标后
P	将剪贴板中的内容粘贴在光标前

（7）文件保存及退出命令

:q	不保存退出
:q!	不保存强制性退出
:w	保存编辑
:w filename	存入文件 filename 中
:w! filename	强制性存入文件 filename 中
:wq	保存退出
:x	同 :wq
ZZ	同 :wq

（8）其他 VI 命令

u	取消上一次的操作
U	可以恢复对光标所在行的所有改变
J	把两行连接到一起
:set	用来设置或浏览 VI 系统当前的选项
:X	对所编辑的文件进行简单加密

【任务检测】

1. 小组成员按要求使用 OpenOffice 对学生成绩进行合并，并使用邮件合并制作成绩通知单。
2. 使用 VI 编写好比较三个数大小的 C 程序。

【任务拓展】

1. 利用 OpenOffice empress 制作反映学生成绩情况的演示文稿。

2．使用 VI 编写求 $ax^2+bx+c=0$ 方程的解的 C 程序。

思考与习题

一、填空题

1．Mozilla 是 Linux 操作系统中实现_____功能的软件。类似于 Windows 系统下的_____。

2．_____让用户在具有网页浏览器的任何系统平台上无须安装任何客户端就能使用 QQ 与好友在线聊天。

3．互联网上的电子邮件系统，多数使用_____协议把邮件从一个服务器传输到另一个服务器中。然后，这些邮件便可由电子邮件客户软件使用_____协议来检索。

二、判断题

1．使用 Linux 系统申请一个电子邮箱的过程比使用 Windows 系统申请要复杂很多。（　　）

2．Linux 系统中的 Evolution 程序可以用来浏览网页。（　　）

3．在 DOS 系统中，命令、文件名和目录名中的字母不区分大小写，而在 Linux 操作系统中区分大小写。（　　）

4．如果想让 Linux 运行在多用户文本模式下，只需要修改配置文件/etc/inittab 将运行级别改成 5 即可。（　　）

5．可以将 Linux 系统和 Windows 系统安装到同一块硬盘的同一个分区上，让两个操作系统同时存在。（　　）

6．默认情况下，汉字在 Red Hat Linux 9 的字符界面下显示为乱码。（　　）

三、选择题

1．在使用 VI 编辑器进行文本编辑时，为了能快速切换到第 10 行的行首，需要在命令模式上执行哪个命令？

　　A．10G　　　　　　　B．10dd　　　　　　C．10y　　　　　　D．10g

2．当使用命令 vi /etc/fstab 查看文件的内容时，不小心改动了一些内容，为了防止系统出问题，且不保存所作的修改，应该如何操作？

　　A．在命令模式下，输入:wq

　　B．在命令模式下，输入:q!

　　C．在命令模式下，输入:q

　　D．在编辑模式下，按 Esc 键后直接退出 vi

四、综合题

请在 Linux 系统下使用 Evolution 软件收发电子邮件。

项目四
管理文件与目录

项目目标

- 了解 Linux 文件系统
- 掌握相对路径和绝对路径
- 熟练掌握文件的新建、复制、移动、重命名、查看、删除等 shell 命令的基本操作

任务　管理文件与目录

【任务描述】

1. 在 FTP 服务器上下载 project 目录，并通过共享把它放置到 Linux 主机的根目录。

2. 在命令行模式下

1）浏览 project 目录。

2）创建/data/2012/log、/data/2012/soft、/data/2012/documents 的工作目录。

3）把 project 目录下的日志文件移动到/data/2012/log 下，把 C 源程序文件移动到 data/2012/soft 目录下，把其他文件复制到/data/2012/documents 目录下，然后删除/project 目录里的其他目录。

4）在桌面上建立一个指向"/project/data/"目录的快捷方式。

5）在/data/2012/documents 查找是否存在 zhl_file 文件，并在找到的文件里搜索是否包含"电子菜单"的内容，并查看该文件的内容及属性，统计该文件的字数、行数。

【任务分析】

系统管理员可使用 ls 查看文件的详细信息，使用 mkdir 创建目录，使用 cp 进行文件的复制，使用 rm 删除文件，使用 ln 创建链接文件，使用 find 查找文件，使用 grep 搜索内容，使用 cat\more\less 查看文件内容，使用 stat 查看文件属性，使用 wc 统计文件字数与行数。

【预备知识】

1. 了解 Linux 文件系统

文件是 Linux 系统中存储信息的基本结构，是存储在某种媒体（磁盘、光盘等）上的一组信息的集合。文件名是文件的标识，由字母、数字和下划线等字符组成。Linux 要求文件名的长度限制在 255 个字符以内。文件名区分大小写。

文件系统负责对文件的组织、管理和维护。Linux 系统以目录的方式来组织和管理文件。从用户的角度来看，Linux 的文件系统是一个树形结构的目录树，文件系统的起点是根目录"/"，如图 4-1 所示。

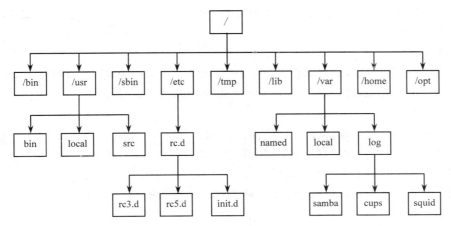

图 4-1　目录树结构

每个目录的大致内容如表 4-1 所示。

表 4-1　根目录下的主要目录及用途

目录名称	目录用途
/bin	基础系统所需要的命令位于此目录，也是最小系统所需要的命令。这个目录中的命令是普通用户都可以使用的
/sbin	存放超级权限用户 root 的可执行命令，大多是涉及系统管理的命令，普通用户无权执行这个目录下的命令
/etc	存放系统配置文件，一些服务器的配置文件也在这里
/root	超级用户 root 的主目录
/lib	库文件存放目录
/dev	设备文件存储目录
/tmp	临时文件目录。用户运行程序时，会产生临时文件，该目录就用来存放临时文件
/boot	启动目录，存放 Linux 内核及引导系统程序所需要的文件
/mnt	挂载存储设备的挂载目录所在的位置
/proc	操作系统运行时，进程信息及内核信息都存放在/proc 目录中。这些信息没有保存在磁盘上，而是系统运行时在内存中创建的

2．文件的类型

Linux 系统中有 4 种基本的文件类型：普通文件、目录文件、设备文件和链接文件。

（1）普通文件

普通文件是用户最常接触的文件，它又分为文本文件和二进制文件。文本文件以文本的 ASCII 码形式存储，它是以"行"为基本结构的一种信息组织和存储方式，使用 cat、more、less 等命令可以查看该类文件的内容，Linux 的配置文件多属于这一类；二进制文件以文本的二进制形式存储在计算机中，用户一般不能直接读懂它们，只有通过相应的软件才能将其显示出来，该类文件一般是可执行程序、图形、图像、声音等。

（2）目录文件

目录文件，简称为目录。设置目录的主要目的是用于管理和组织系统中的大量文件，它存储一组相关文件的位置、大小等信息。

（3）设备文件

Linux 系统把每一个 I/O 设备都看成一个文件。设备文件可分为块设备文件和字符设备文件。前者的存取以字符块为单位，如硬盘；后者以字符为单位，如打印机。

（4）链接文件

链接文件分为硬链接和软链接（符号连接）文件。硬链接文件保留文件的 VFS（虚拟文件系统）节点信息，即使被链接文件改名或移动，硬链接文件仍然有效。但要求硬链接文件和被链接文件必须属于同一个分区并采用相同的文件系统。

软链接文件类似于 Windows 系统中的快捷方式，只记录被链接文件的路径。

3．文件路径

文件在文件系统中的位置都是由相应的路径（path）决定的。在对文件进行访问时，要给出文件所在的路径。路径是指从树形目录中的某个位置开始到某个文件的一条道路。路径的构成是中间用"/"分开的若干个目录名称。

（1）工作目录与用户主目录

用户在某一时刻所处的目录被称作工作目录（Working Directory）或当前目录。工作目录是可以随时改变的。工作目录用"."表示，父目录用".."表示，主目录用"~"表示。

（2）相对路径与绝对路径

路径可分为相对路径和绝对路径。绝对路径是指从"根（/）"开始的路径；相对路径是从用户工作目录开始的路径。

4．shell

shell 是允许用户输入命令的界面，是一个命令语言解释器。作为操作系统的外壳，为用户提供使用操作系统的接口。shell 接到用户输入的命令后首先检查是否是内部命令，若不是再检查是否是一个应用程序。然后，shell 在搜索路径里寻找这些应用程序，搜索路径就是一个能找到可执行程序的目录列表。如不是一个内部命令并且在路径里也没有找到这个可执行文件，就会显示一条错误信息。如果能够成功找到，该内部命令或应用程序将被分解为系统调用，并传送给 Linux 内核。

用户登录到 Linux 系统后，可以看到一个 shell 提示符，标识了命令行的开始。默认情况下，普通用户用"$"作提示符，超级用户 root 用"#"作提示符。如

[root@localhost root] #

这里，第一个 root 表示当前登录用户，@是分隔符，localhost 是本地计算机名，第二个 root

表示当前目录，#表示登录用户是系统管理员 root。

一旦出现 shell 提示符，就可以输入命令名称及参数、选项。shell 将执行这些命令，如果一条命令运行较长时间，或在屏幕上产生大量输出，可以按 Ctrl+C 组合键发出中断信号来终止它的执行。

在 Linux 系统中，可以使用多种不同类型的 shell。Bash 是大多数 Linux 的默认 shell。

（1）shell 命令行

在 Linux 系统中，一个命令通常由命令名、选项和参数 3 部分组成，中间以空格或制表符等空白字符隔开，命令形式如下：

```
<命令名>    <选项>    <参数>
```

其中，选项通常是以减号"-"开始的单个字符。选项是可以省略的，参数也可以省略。只有命令名是必须提供的。一个最简单的命令可以仅包含命令本身。

```
[root@localhost root] # date          //只有命令，选项与参数采用默认值
[root@localhost root] # uname –n       //只有命令与选项
[root@localhost root] # ls /root       //只有命令与参数
```

（2）shell 的特色

在使用 shell 时，用户需要掌握以下特点：

1）命令历史

Bash 能自动跟踪用户每次输入的命令，并把输入的命令保存在历史列表缓冲区，允许用户使用方向键"↑"和"↓"查询以前执行过的命令。

2）Tab 自动补齐文件名或命令名

在输入文件名或命令名时，用户可以按键盘上的 Tab 键，系统会自动补齐文件名或命令名。

3）命令的 help 帮助

Bash 也有内建的帮助命令，可以在 help 命令的后面加入命令名，屏幕上就会显示出该命令的帮助信息。需要注意的时，Bash 只对自身内建的命令提供帮助。

```
[root@localhost root]# help pwd
pwd: pwd [-PL]
    Print the current working directory. With the –P option, pwd prints
    the physical directory, without any symbolic links; the –L option makes
    pwd follow symbolic links.
```

4）命令别名

在 Bash 下，可以使用 alias 命令给其他命令或可执行程序起别名，这样就可以以自己习惯的方式执行命令。命令 unalias 用于删除使用 alias 创建的别名。

```
[root@localhost root]# ipconfig
bash:ipcofig: command not found
[root@localhost root]# alias ipconfig=ifconfig
[root@localhost root]# ipconfig eth0
eth0        Link encap:Ethernet    HWaddr 00:0C:29:7B:C8:11
            inet addr:10.10.10.222   Bcast:10.255.255.255   Mask:255.255.255.0
            UP BROADCAST RUNNING MULTICAST    MTU:1500    Metric:1
            RX packets:32099 errors:0 dropped:0 overruns:0 frame:0
            TX packets:8362 errors:0 dropped:0 overruns:0 carrier:0
            collisions:0 txqueuelen:100
            RX bytes:41902978 (39.9 Mb)    TX bytes:894700 (873.7 Kb)
            Interrupt:10 Base address:0x2000
    [root@localhost root]# unalias ipconfig
```

```
[root@localhost root]# ipconfig
bash: ipconfig: command not found
```

5）输入/输出重定向

输入重定向用于改变命令的输入，输出重定向用于改变命令的输出。输出重定向更为常用，它经常用于将命令的结果输入到文件中，而不是屏幕上。输入重定向的命令是"<"，输出重定向的命令是">"。

```
[root@localhost root]# ifconfig eth0   > /root/ifconfig_1
[root@localhost root]# more   /root/ifconfig_1
eth0        Link encap:Ethernet    HWaddr 00:0C:29:7B:C8:11
… …
            RX bytes:41904932 (39.9 Mb)    TX bytes:898125 (877.0 Kb)
            Interrupt:10 Base address:0x2000

[root@localhost root]# ls -l /   >> /root/ifconfig_1
[root@localhost root]# more   /root/ifconfig_1
eth0        Link encap:Ethernet    HWaddr 00:0C:29:7B:C8:11
inet addr:10.10.10.222   Bcast:10.255.255.255   Mask:255.255.255.0
… …
            RX bytes:41904932 (39.9 Mb)    TX bytes:898125 (877.0 Kb)
            Interrupt:10 Base address:0x2000
 总用量 205
drwxr-xr-x     2 root       root        4096 2008-03-14    bin
drwxr-xr-x     4 root       root        1024 2008-03-14    boot
… …
drwxr-xr-x    15 root       root        4096 2008-03-14    usr
drwxr-xr-x    22 root       root        4096 11 月 10 06:47 var
```

6）管道

管道用于将一系列的命令连接起来，也就是把前面命令的输出作为后面命令的输入。管道的命令是"|"。管道的功能和用法与 DOS/Windows 系统完全相同。

```
[root@localhost root]# ls -l   | grep   m
drwxr-xr-x     2 root       root        4096 11 月   9 03:12 samba
-rw-r--r--     1 root       root          92 11 月   8 03:09 sum.c
-rwxr-xr-x     1 root       root       15740 11 月   8 03:10 sum.o
[root@localhost root]# ls -l   | grep   su
-rw-r--r--     1 root       root          92 11 月   8 03:09 sum.c
-rwxr-xr-x     1 root       root       15740 11 月   8 03:10 sum.o
```

7）清除和重设 shell 窗口

在命令提示符下即使只执行了一个"ls"命令，所在的终端窗口也可能会因为显示的内容过多而显得拥挤。这时，可以执行命令"clear"，清除终端窗口中显示的内容。

5. 常用文件与目录管理命令

（1）使用 cd 命令可以改变当前工作目录

该命令的格式为："cd 路径名"。如果"路径名"省略，则切换至当前用户的主目录。如果"路径名"指定的是一个当前用户无权使用的目录，则系统将显示一个出错信息。

pwd 显示当前目录。

```
[root@localhost root]# cd /mnt/cdrom
[root@localhost cdrom]# pwd
```

```
/mnt/cdrom                              //当前用户 root 的当前工作目录变更为/mnt/cdrom
[root@localhost cdrom]# cd   ../..       //将当前目录切换到上一级目录的上一级目录
/
[root@localhost /]# cd   ~              //将当前目录切换到当前用户的主目录
```

（2）使用 ls 显示文件列表

命令 ls 用于显示目录里面的内容。该命令的格式是："ls [选项] [目录列表]"。

目录列表可以使用通配符，目录列表中的多个目录名中间用空格隔开。该命令常用的选项见表 4-2。

表 4-2　ls 的主要选项及作用

选项	作用
--help	显示该命令的帮助信息
-a	显示指定目录下的所有文件和子目录，包括隐藏的文件（"."开头）
-l	给出长表，详细显示每个文件的信息。包括类型与权限、链接数、所有者、所属组、文件大小（字节）、建立或最近修改的时间等
-t	按照文件的修改时间排序。若时间相同则按字母顺序。默认的时间标记是最后一次修改时间
-c	按照文件的修改时间排序
-u	按照文件最后一次访问的时间排序
-X	按照文件的扩展名排序
-s	以块大小为单位列出所有文件的大小
-S	根据文件大小排序
-R	递归显示下层子目录
-p	在文件名后面加上文件类型的指示符号（/=@| 其中一个）

```
[root@localhost root]# ls -l
总用量 156
-rw-r--r--  1  root    root     1641    2008-03-14    anaconda-ks.cfg
drwx------  4  root    root     4096    7 月 2   14:58  evolution
-rw-r--r--  1  root    root     27066   2008-03-14    install.log
-rw-r--r--  1  root    root     4139    2008-03-14    install.log.syslog
-rw-------  1  root    root     4099    6 月 30  22:35  mbox
-rw-r--r--  1  root    root     96455   6 月 29  17:13  Screenshot.png
lrwxrwxrwx  1  root    root     2       7 月 12 18:09  mm -> /mnt/cdorm
```

各列分别表示文件类型与权限、链接数、所有者、所属组、文件大小（字节）、建立或最近修改时间、文件名。其中，第一列的 10 个字符的首字符表示文件的类型："-"表示普通文件、"d"表示目录、"b"表示块设备文件、"c"表示字符设备文件、"l"表示链接文件、"s"表示 Socket 文件；后面的 9 个字符平均分成 3 组，分别表示文件所有者、文件所属组和其他人对文件的使用权限，每组的 3 个字符分别表示对文件的读、写和执行权限，r 表示可读、w 表示可写、x 表示可执行、-表示没有相应的权限。

```
[root@localhost   root]# ls  -p
anaconda-ks.cfg   evolution/   install.log   install.log.syslog
mbox              mm@          Screenshot.png
```

"/"表示目录,"@"表示符号链接,"*"表示可执行文件,"|"表示管道(或 FIFO),"="表示 Socket 文件。

（3）mkdir 命令创建目录

mkdir 命令一次可以建立一个或者几个子目录。该命令的格式是:"mkdir [选项] 目录名"。常用的选项及其作用见表 4-3。

表 4-3　mkdir 的主要选项及作用

选项	作用
-v	输出命令执行的过程
-p	如果目录名路径中的上一级目录不存在就先自动创建上级目录
--help	显示该命令的帮助信息

[root@localhost   root]# mkdir test   //在当前工作目录下创建名为 test 的目录。

（4）rmdir 命令用于删除空目录

如果给出的目录不为空则报错。其命令格式为:"rmdir [选项] 目录列表"。

（5）复制文件命令 cp

该命令的格式是:"cp [选项] 源文件　目标文件"。

源文件可以使用通配符。该命令常用的选项及其作用见表 4-4。

表 4-4　cp 的主要选项及作用

选项	作用
-a	尽可能将文件的状态、权限等信息都照原状予以复制
-r	如源文件中含有目录,将目录中的文件递归复制到目的地
-f	如目的地已经有同名文件存在,不提示确认直接予以覆盖
-v	输出复制操作的执行过程
--help	显示该命令的帮助信息

如果源文件是普通文件,则该命令把它复制到指定的目标文件;如果是目录,就需要使用"-r"选项,将整个目录下的所有文件和子目录都复制到目标位置。

（6）rm 命令

该命令的格式是:"rm [选项] 文件名或目录名列表"。

文件和目录名可以使用通配符。如果要一次性删除多个对象,则在删除列表中用空格将它们分隔开。该命令常用的选项及其作用见表 4-5。

表 4-5　rm 的主要选项及作用

选项	作用
-r	递归删除目录,即包括目录下的所有文件和各级子目录
-f	强制删除,不提示确认。很危险,请慎用
-v	输出操作的执行过程
--help	显示该命令的帮助信息

（7）移动文件和目录命令 mv

其格式为：“mv [选项] 源文件 目标文件”。

如果源文件和目标文件在同一个目录下，则目标文件应该重新命名。如果，目标文件和源文件没在同一个目录，则执行移动的操作。

（8）链接文件

链接有两种形式，即软链接（符号链接）和硬链接。ln 命令用于建立链接，其格式为：“ln [选项] 源文件或目录 链接名”。

选项“-s”用来建立符号链接。符号链接，类似于 Windows 下的快捷方式，只不过是指向原始文件的一个指针而已，如果删除了符号链接，原始文件不会有任何变化，但如果删除了原始文件，则符号链接就将失效。从大小上看，一般符号链接远小于被链接的原始文件。

可以建立指向文件的符号链接，也可以建立指向目录的符号链接。但硬链接有局限性，不能建立目录的硬链接。

给源文件 aa 建立一个硬链接 bb，这时 bb 可以看作是 aa 的别名，它和 aa 不分主次。aa 和 bb 实际上都指向硬盘上的相同位置，更改 aa 的内容，会在 bb 得到反映。如果删除了 aa 文件，bb 文件依然存在。如果修改了文件 aa，这些修改都会反映到文件 bb 中；而如果修改了文件 bb，文件 aa 也会随之更新。

（9）判断文件的类型

Linux 用颜色来区分不同类型的文件，默认情况下蓝色表示目录，浅蓝色表示链接文件，绿色表示可执行文件，红色表示压缩文件，粉红色表示图像文件，白色表示普通文件，黄色表示设备文件等。

另外，也可以用 file 命令显示文件的类型。该命令的常用格式是：“file [选项] 文件或目录”。常用选项-z 用来深入观察一个压缩文件，并试图查出其类型。

（10）修改文件的时间属性

命令 touch 可以用来修改文件的时间属性，包括最后访问时间、最后修改时间等。该命令的使用格式是：“touch [选项] 文件或目录名”，常用的选项及其作用见表 4-6。该命令也可以用来创建空文件。

表 4-6　touch 的主要选项及作用

选项	作用
-d	把文件的存取/修改时间修改为当前时间。时间格式采用 yyyymmdd
-a	只把文件的存取时间修改为当前时间
-m	只把文件的修改时间修改为当前时间

（11）查找文件

find 命令在目录中搜索满足查询条件的文件，其格式为：“find [路径] [匹配表达式]”。

路径可以是多个路径，路径之间用空格隔开。查找时，会递归到子目录。匹配表达式各选项见表 4-7。

表 4-7　find 的主要选项及作用

选项	作用
-name	指明要查找的文件名，支持通配符“*”和“?”
-user username	查找文件的所有者为 username 的文件

选项	作用
-group grpname	查找文件的所属组为 grpname 的文件
-cmin +n	查找 n 分钟前被修改过状态的文件。+表示大于，-表示小于
-mmin +n	查找 n 分钟前被修改过数据的文件
-ctime +n	查找 n 天前被修改过的文件
-atime +n	查找 n 天之前访问过的文件
-atime -n	查找 n 天之内访问过的文件
-mtime -n	查找 n 天内被修改过数据的文件

```
[root@localhost root]# find   /root   -name   aa
/root/aa
[root@localhost root]# find   /root   -name   "a?"       // "？"代表任意一个，任意字符
/root/aa
[root@localhost root]# find   /root   -name   "a*"       // "*"代表任意个，任意字符
/root/anaconda-ks.cfg
/root/.gconf/desktop/gnome/applications
/root/.gconf/apps
/root/.gconf/apps/panel/profiles/default/applets
/root/.gnome2/accels
/root/.gnome/application-info
/root/.gnome/accels
/root/.mozilla/appreg
/root/.mozilla/default/3qy61atn.slt/abook.mab
/root/evolution/addressbook-sources.xml
/root/aa
```

（12）查找字符串

查找文件中包含有指定字符串的行，其格式为："grep [选项] 要查找的字符串 文件名"。

文件名可以使用通配符 "*" 和 "?"，如果要查找的字符串带空格，可以使用单引号或双引号括起来。

grep 和 find 都是经常用到的命令，它们的差别在于 grep 是在文件的内容中查找，而 find 是根据文件名或文件的创建时间等信息查找。

（13）文件内容排序

把文件中的内容排序输出使用 sort 命令，其格式为："sort [选项] 文件列表"。常用的选项如表 4-8 所示。

表 4-8 sort 的主要选项及作用

选项	作用
-r	反向排序
-o filename	把排序结果输出到指定的文件 filename

（14）显示文件或目录的属性

stat 命令用于显示文件或目录的各种信息，包括被访问时间、修改时间、变更时间、文件大小、

文件所有者、所属组、文件权限等。该命令的常用格式为："stat [选项] 文件名"。

```
[root@localhost root]# stat   /root
  File: '/root'
  Size: 4096           Blocks: 8           IO Block: 4096      Directory
Device: 802h/2050d     Inode: 288001       Links: 20
Access:（0750/drwxr-x---）Uid: (      0/      root)  Gid: (      0/      root)
Access: 2009-07-29 10:30:48.000000000 +0800
Modify: 2009-07-29 10:22:24.000000000 +0800
Change: 2009-07-29 10:22:24.000000000 +0800
……
```

（15）显示文件的前/后几行

head 命令可以在屏幕上显示指定文本文件的前几行，其格式是："head [选项] 文件名"。常用的选项如表 4-9 所示，在没有使用选项的情况下，默认显示文件的前 10 行。

表 4-9　head 的主要选项及作用

选项	作用
-n num	显示文件的前 num 行
-c num	显示文件的前 num 个字符

tail 命令和 head 命令相反，它显示文件的末尾几行，其格式为："tail [选项] 文件名"。默认时，tail 命令显示文件的末尾 10 行。

（16）比较文本文件的内容

cmp 命令用于比较两个文件的内容是否不同，其格式为："cmp [选项] 文件 1　文件 2"。选项-l，用于列出两个文件的所有差异。默认情况下，在发现第一处差异后就停止，如果文件相同，则没有反应。

diff 命令也用于比较两个文件内容的不同，其格式为："diff [选项] 源文件　目标文件"。选项如表 4-10 所示。

表 4-10　diff 的主要选项及作用

选项	作用
-q	仅仅报告是否相同，不报告详细的差异
-i	忽略大小写的差异

diff 命令和 cmp 命令的区别在于两者比较文件的方式不同：diff 是逐行比较，而 cmp 是以字符为单位进行比较。cmp 在比较二进制文件时会更实用。

```
[root@localhost root]# cat   a.txt
b
c
a
d
a
[root@localhost root]# cat   b.txt
a
a
```

```
b
c
d
[root@localhost root]# cmp    a.txt    b.txt
a.txt b.txt differ: byte 1, line 1          //从文件开头起的第 1 行第 1 个字符不同。
[root@localhost root]# diff    a.txt b.txt
0a1,2
> a
> a
3d4
< a
5d5
< a
[root@localhost root]# diff   -q   a.txt    b.txt
Files a.txt and b.txt differ
```

（17）统计文本文件的字/行数

wc 命令统计文件的行数、字数和字节数，其使用格式为："wc [选项] 文件"。

常用选项如表 4-11 所示。不带选项的命令将依次显示统计的行数、字数、字节数和文件名。

表 4-11   wc 的主要选项及作用

选项	作用
-l	行数
-w	字数
-c	字节数

（18）显示文本文件的内容

cat 命令用于将文件的内容在标准输出设备（如显示器）上显示出来。该命令的使用格式是："cat [选项] 文件"。

常用的选项如表 4-12 所示。如果文件的内容超过一屏，文本在屏幕上将迅速闪过，用户将无法看清前面的内容。此时，可以使用 more 或者 less 命令进行分屏。

表 4-12   cat 的主要选项及作用

选项	作用
-n	由 1 开始对所有输出的行进行编号
-b	和-n 命令相似，只不过对于空白行不编号
-s	将相邻的多个空白行代之为一个空白行
-e	在每行的末尾显示$符号

cat 除了显示文件内容的功能外，还可以用来合并两个或多个文件，然后通过重定向（>）用两个文件合并后的内容生成一个新的文件保存起来。实现该功能的命令格式是："cat 文件 1 文件 2…文件 N > 新文件名"。若想查看合并后生成的新文件，可以使用命令"cat 新文件名"。

```
[root@localhost root]# cat    > a1
aa
bb
```

```
cc
按下键盘[Ctrl+D]
[root@localhost root]# cat   > a2
dd
ee
ff
按下键盘[Ctrl+D]
[root@localhost root]# cat   > a3
gg
hh
ii
按下键盘[Ctrl+D]
[root@localhost root]# cat   a1   a2   a3   > a
[root@localhost root]# cat   a
aa
bb
cc
dd
ee
ff
gg
hh
ii
```

（19）more 命令

可以让用户在浏览文件的时候一次阅读一屏或者一行。其格式为："more [选项] 文件"。

该命令的常用选项如表 4-13 所示。

表 4-13　more 的主要选项及作用

选项	作用
-d	在每屏的底部显示友好信息：[Press space to continue,q to quit.]，如果用户按错键，则显示[Press h for instructions.]
-s	多个连续的空白行处理为一个
+num	从第 num 行开始显示
-c 或-p	显示下一屏之前先清屏

该命令一次显示一屏文件内容，满屏后显示停止，并且在每个屏幕的底部显示--More--，并给出至今已显示的百分比。按 Enter 键可以向后移动一行；按 Space 键可以向后移动一屏；按 Q 键可以退出该命令。

less 命令和 more 一样都是页命令，但是 less 命令的功能比 more 命令更强大。less 的使用格式为："more [选项] 文件"。

（20）查看文件或目录的大小 du

命令 du 常用的格式是："du [选项] 文件或目录"。

常用的选项如表 4-14 所示。该命令可以用来获得文件或目录的磁盘用量。

表 4-14　du 的主要选项及作用

选项	作用
-h	将文件或目录的大小以容易理解的格式显示出来
-s	只显示指定目录的总大小，不显示目录下的每一项的大小
-S	显示出来的大小不包括子目录以及子目录下文件的大小
--help	显示帮助信息

【任务实施】

1．登录 Linux 系统

2．操作步骤

1）[root@localhost root]# cd /project

2）[root@localhost project]# ls –l

3）[root@localhost project]# mkdir –p /data/2012/log

4）[root@localhost project]# mkdir –p /data/2012/soft

5）[root@localhost project]# mkdir –p /data/2012/documents

6）[root@localhost project]# mv *.log /data/2012/log

7）[root@localhost project]# mv *.c /data/2012/soft

8）[root@localhost project]# cp * /data/2012/documents

9）[root@localhost project]# rm –rf　 *

10）[root@localhost project]#cd ~

11）[root@localhost root]# ln –s /data/2012/documents /root/.gnome-desktop/doc.ln

12）[root@localhost root]# find /data/2012/documents –name zhl_file

13）[root@localhost root]# grep "电子菜单" /data/2012/documents/ zhl_file

14）[root@localhost root]# cat /data/2012/documents/ zhl_file

15）[root@localhost root]# stat /data/2012/documents/ zhl_file

16）[root@localhost root]# wc /data/2012/documents/ zhl_file

【任务检测】

1．Linux 的文件系统结构

2．举例说明 Linux 中的一些重要目录

3．Linux 系统中基本的文件类型

4．链接文件

5．工作目录与用户主目录

6．相对路径与绝对路径

7．shell 命令操作熟悉程度

【任务拓展】

查找 Linux 中常用的 shell 命令及其使用方法。

思考与习题

一、填空题

1. _____是用来存储信息的基本单位，它是被命名的存储在某种介质（如磁盘、光盘和磁带等）上的一组信息的集合。

2. _____命令和 head 命令相反，它显示文件的末尾几行。默认情况下，这两个命令都只显示文件的_____行内容。

3. 设备文件可分为块设备文件和字符设备文件。前者以_____为单位处理数据，如_____；后者以_____为单位，如打印机。

4. 链接文件分为_____和_____。其中，_____类似于 Windows 系统中的快捷方式，其本身并不保存文件内容，只是记录被链接文件的路径。Linux 系统中的配置文件都是_____类型的文件。

5. 绝对路径是指从_____开始的路径，也称完全路径或绝对路径；相对路径是从_____开始的路径。

6. Linux 系统中_____用于存放超级用户 root 的可执行命令，其中大多是涉及系统管理的，普通用户无权执行；_____用于存放一些经常变动的文件，比如数据库文件或日志文件；绝大多数的配置文件保存在_____目录中。

7. 命令_____用于显示当前工作目录的绝对路径，_____命令用来改变当前工作目录。

8. 用长格式查看目录内容时，每行表示一个文件或目录的信息，其中每行第 1 个字符表示文件的类型。其中，"-"表示_____文件，"b"表示_____文件，"c"表示_____文件，"d"表示_____，"1"表示_____。

9. Linux 用颜色来区分不同类型的文件，默认情况下蓝色表示_____文件，浅蓝色表示_____文件，绿色表示_____文件，红色表示_____文件，粉红色表示_____文件，白色表示_____文件，黄色表示_____文件等。

二、判断题

1. Linux 系统中的扩展名主要用于方便对文件进行分类，不会影响文件的性质，也不影响程序的执行情况。（　　）

2. Linux 系统中可以使用 copy 命令复制目录和文件，使用 rmdir 命令删除空目录。（　　）

3. 可以在 Linux 系统中建立指向文件的符号链接，也可以建立指向目录的符号链接。但硬链接有局限性，不能建立目录的硬链接。（　　）

4. 删除文件和目录都可以使用 rm 命令，移动文件和目录以及重命名都可以使用 mv 命令。（　　）

5. 显示文本文件的内容可以使用的命令很多，比如：cat、more、less、head、touch、vi 等。（　　）

6. grep 和 find 命令一样，能够用来在 Linux 系统中查找文件。（　　）

7. 当前工作目录就是指用户的主目录。（　　）

三、选择题

1. 以下的命令中，不能用来查看文本文件内容的是（　　）。
   A．wc　　　　　　　　　B．more　　　　　　　C．head　　　　　　D．less

2. 如果要对整个目录树进行删除、移动或复制的操作，应该使用的选项是（　　）。
   A．-r　　　　　　　　　B．-f　　　　　　　　　C．-v　　　　　　　D．-i

3. 以下关于 Linux 文件的描述，不正确的是（　　）。
   A．Linux 的文件命名中不能含有空格
   B．Linux 的文件名区分大小写，且最多可有 256 个字符
   C．Linux 的文件类型不由扩展名决定，而由文件的属性决定
   D．若要将文件暂时隐藏起来，可通过设置文件的相关属性来实现

4. 在命令行提示符#下，直接执行命令 cd 后，其当前目录是（　　）。
   A．/home　　　　　　　B．/root　　　　　　　C．/home/root　　　D．/

5. 哪些命令可以把目录/home/tom 下所有的对象拷贝到目录/backup 下？（　　）
   A．cp -R /home/tom . /backup　　　　　　B．cp -a /home/tom /backup
   C．cp -a /home/tom . /backup　　　　　　D．cp -r /home/tom /backup

6. /sbin 目录存放的是（　　）。
   A．使用者经常使用的命令
   B．动态连接库
   C．只有超级用户才有权使用的系统管理程序
   D．设备驱动程序

7. 老师用 vi 编辑器写了一个脚本文件 test.txt，若要将文件名修改为 test.sh，可使用下列哪个命令来实现？（　　）
   A．cp test.txt test.sh　　　　　　　　　B．mv test.txt test.sh
   C．ls test.txt test.sh　　　　　　　　　D．cat test.txt>test.sh

四、综合题

1. 如何在/home/student 目录下创建一个 project 新目录？
2. Linux 基本的文件类型有哪些，Linux 系统如何有效地组织与管理文件？
3. 举例说明什么是绝对路径和相对路径？
4. 列举 Linux 系统目录，并说明它们的作用？
5. 若一个文件的文件名以"."开头，例如.bashrc 文件，这代表什么？如何显示这种文件的文件名及其相关属性？

项目五

文件权限与压缩

项目目标

- 掌握用文字设定法和数字设定法设置文件权限
- 了解文件权限掩码
- 掌握设置文件所用者及组
- 掌握文件的压缩和解压缩
- 了解 shell 的基本概念
- 了解输入输出重定向、管道、通配符的使用方法

任务 文件权限与文件压缩

【任务描述】

/income/data.txt 是用户 root 创建的，公司系统管理员需要将该文件的属主和所属组更改为用户 mary，并把文件权限设置为 mary 和本组用户可以修改，其他用户不能访问。

/income/目录存放了公司的一些重要文件，需要对其打包压缩备份。

【任务分析】

系统管理员可以使用 chown 命令更改文件的属主和所属组，使用 chmod 命令修改文件的权限，使用 tar 命令、gzip 命令、bunzip2 命令等实现对文件的打包压缩管理。

【预备知识】

1. 文件权限

Linux 系统中使用 chmod 命令改变文件和目录的访问权限，只有文件的所有者和 root 才能改变

文件和目录的权限。chmod 命令有两种用法：一是用字母和操作符的文字表达式的权限设定法；另一种是用数字的权限设定法。

（1）文字设定法

使用字母和操作符，可以设置文件或目录的权限，命令的格式是："chmod [选项] [who] [+|-|=] [mode] 文件或目录列表"。

1）who 可以是 u、g、o、a 中的任意组合，表示用户级别。

"u"：表示"user，用户"，即文件或目录的所有者。

"g"：表示"group，同组用户"，即与文件属主有相同 GID 的所有用户。

"o"：表示"other，其他用户"。

"a"：表示"all，所有用户"。

2）操作符可以是：+、-、=。

"+"：表示增加某个权限。

"-"：表示取消某个权限。

"="：表示只赋予给定的权限并取消现有的其他权限。

3）mode 所表示的权限可以是 r、w、x 的任意组合。

"r"：表示可读，只允许指定用户读取指定对象的内容，禁止做任何更改的操作。

"w"：表示可写，允许指定用户打开，并修改文件。

"x"：表示可执行，允许指定的用户将该文件作为一个程序执行。

例如：[root@localhost root]# chmod u=rw,g=rw,o=r /home/test -v。

（2）数字设定法

使用数字也可以设置文件或目录的权限，命令的格式是："chmod [选项] [权限] 文件或目录列表"。

在数字权限表示法中：0 表示没有权限，1 表示可执行权限，2 表示可写的权限，4 表示可读的权限。一个文件的数字权限是这四个数字中任意三个的组合。因此，命令中数字权限的格式应该是三个 0～7 的八进制数，分别代表文件所有者的权限（u）、所属组的权限（g）和其他人的权限（o）。

```
[root@localhost root]# chmod 644 install.log -v
```

2．权限掩码

Linux 中目录的默认权限是 777，文件的默认权限是 666，但出于安全原因系统不允许文件的默认权限有执行权。因此，有以下公式：新目录的实际权限=777-默认权限掩码；新文件的权限=666-默认权限掩码。

使用不带任何选项的 umask 命令，可以显示当前的默认权限掩码值。使用带有选项-S 的 umask 命令，可以显示新建目录的默认权限。

```
[root@localhost root]# umask   -S         //显示新建目录的默认权限
u=rwx,g=rx,o=rx
[root@localhost root]# umask              //显示当前的默认权限掩码值
0022
[root@localhost root]# umask 077
[root@localhost root]# touch /home/aa
[root@localhost root]# ls -l /home/aa
-rw-------- 1 root root 0 6 月 11 10:20 aa
```

用户登录时，用户主目录中的配置文件.bashrc 会自动执行，配置自己的操作环境。用户也可在其中设置 umask 值，来更改自己创建文件和目录的默认访问权限。

3.　更改文件所有者和所属组

只有 root 和文件的所有者，才可以使用命令 chown 和 chgrp 变更文件和目录的所有者及所属组。

（1）chown

chown 可以同时改变文件或目录的所有者和所属组，命令格式是："chown [选项] 用户名：组名　文件或目录列表"。

```
[root@localhost root]# chown -v mary:teacher   /home/aa
aa 的所有者已更改为用户 mary
aa 的所属组改为 teacher
```

（2）chgrp

chgrp 命令只具有改变所属组的功能，格式为："chgrp [选项] 组名　文件或目录列表"。

```
[root@localhost root]# chgrp -v   student   /home/aa
aa 的所属组更改为 student。
```

4.　文件压缩与解压缩

为了减少存储空间和方便网络传输，用户经常要使用压缩和解压缩命令。

（1）gzip 与 gunzip

gzip 是在 Linux 系统中经常使用的一个对文件进行压缩和解压缩的命令。使用该命令的语法格式是："gzip [选项] 文件名"。

```
[root@localhost root]# ls -p
install.log.syslog    install.log     teacher/
[root@localhost root]# gzip   install.log   -v
install.log:      73.7% -- replaced with install.log.gz
[root@localhost root]# gzip   install.log.gz   -l
         compressed          uncompressed   ratio uncompressed_name
             5751                 21744   73.7% install.log
[root@localhost root]# gzip   install.log.gz   -dv
install.log.gz:   74.7% -- replaced with install.log
如果需要对目录进行压缩，需要加上 "-r" 选项
[root@localhost root]# gzip   teacher/   -rv
gunzip 实现对 gz 格式压缩文件的解压
[root@localhost root]# gunzip install.log.gz
```

（2）zip 与 unzip2

在 Windows 中，有许多用 winzip 软件压缩的文件，扩展名为 zip。在 Linux 系统下可用 zip 命令生成扩展名为 zip 的压缩文件，用 unzip 命令来解压

```
[root@localhost root]# zip 1.zip a* //对 root 目录下所有 a 字母开头文件进行压缩
[root@localhost root]# unzip 1.zip
```

（3）bzip2 与 bunzip

在 Linux 系统下可用 bzip2 命令生成扩展名为 bz2 的压缩文件，用 bunzip 命令来解压。

（4）tar 命令

tar 用于文件备份和归档。tar 命令本身只进行打包而不进行压缩，但其提供了相应的选项允许用户在使用该命令的时候直接调用其他的命令，来实现压缩与解压缩的功能。

该命令的使用格式是："tar [选项] 文件与目录名"。

常用的选项如下所示，其中前 3 个选项不能同时使用。文件与目录名允许使用通配符。

-c：建立一个包文件。

-x：解开一个包文件。

-t：查看包文件中的内容。

-z：调用 gzip 命令，压缩或解压缩。

-j：调用 bzip 或 bzip2 命令，压缩或解压缩。

-f：当与-c 一起使用时，指定创建的包文件的名字；当与-x 一起使用时，设定解压到指定的文件夹中。

-v：显示命令执行的过程。

-r：把要存档的文件追加到包文件的末尾。

-u：更新包中的原文件，如果在包中找不到该文件，则把它追加到包文件的末尾。

-C：解压到指定的目录。

--delete：从包文件中删除指定的文件。

--exclude：创建包文件时不把指定的文件包含在内。

[任务实施]

1）[root@localhost root] # mkdir /income -v

2）[root@localhost root] # touch /income/data.txt

3）[root@localhost root] # useradd mary

4）[root@localhost root] # passwd mary

5）[root@localhost root] # chown mary:mary /income/data.txt

6）[root@localhost root] # su mary

7）[mary@localhost root] # cd /income

8）[mary@localhost income] # chmod u=rw,g=rw,o= data.txt

9）[mary@localhost income] # ls –l data.txt

10）[mary@localhost income] # cd ..

11）[mary@localhost /] # tar czvf /home/mary/back.tar.gz /income

【任务检测】

1．文件权限的文字设定法

2．文件权限的数字设定法

3．权限掩码

4．更改文件所有者和所属组

5．gzip 与 gunzip

6．bzip2 与 bunzip2

7．tar 命令

【任务拓展】

查找文件权限类型及设置技巧资料。

思考与习题

一、填空题

1．在数字权限表示法中：＿＿＿＿＿＿表示没有权限，＿＿＿＿＿＿表示可执行权限，＿＿＿＿＿＿表示可写的权限，＿＿＿＿＿＿表示可读的权限。

2．tar 命令本身只对文件进行打包而不压缩，但它提供了相应的选项允许用户在使用该命令的时候直接调用其他的命令，来实现压缩与解压缩的功能。其中，用于调用 gzip 命令的选项是＿＿＿＿＿＿。

二、判断题

1．在微软的操作系统中，有许多用 WinZip 软件压缩的文件，其扩展名为 zip，这些文件在 Linux 系统中无法进行解压缩。（　　）

2．在 Linux 系统中既可以使用数字表示文件的权限，也可以使用字母。（　　）

三、选择题

1．用户 guest 拥有文件 test 的所有权，现在他希望设置该文件的权限使得该文件仅他本人能读、写和执行，其他用户没有任何权限，则该文件权限的数字表示是（　　）。

  A．566   B．77   C．700   D．077

2．在 Linux 系统中，shell 提供了可用于编写脚本程序的功能，系统中的许多管理任务，可以通过脚本程序来实现，下列语句中，关于脚本的概念叙述正确的有哪些？

  A．脚本的内容以文本形式存储，运行之前不需要编译就可执行

  B．脚本的内容以文本形式存储，运行之前必须经过编译才可执行

  C．脚本程序一般比二进制程序运行速度快

  D．脚本能够处理大量重复性的、复杂的系统工作，提高管理员的工作效率

四、综合题

1．如何将/root 下的所有 bmp 文件压缩到 my.tar.gz 文件中？

2．一个文件的属性为-rwxrwxrwx，表示什么意义？如何才能将其修改为-rwxr-xr--？

3．举例说明如何才能修改一个文件的所有者以及所属的群组？

4．什么是 shell？shell 的主要功能是什么？

项目六

用户与组管理

项目目标

- 了解 Linux 系统中的用户
- 了解 Linux 系统中的组
- 会查看用户、组的配置文件
- 会用 useradd 命令来创建账户
- 会用 passwd 命令为账户设置登录密码
- 会用 groupadd 命令为添加组
- 会用 gpasswd 命令把账户加入到组中

任务　用户管理

【任务描述】

某公司承接了一个软件开发项目，组建了 4 人开发小组，成员包括 mary、sofei、tom、john，为保证项目成员之间资源共享及安全，系统管理员决定创建 4 个普通用户，这 4 个用户属于同一组群 soft_prj，工作目录是/soft/prj_1，同组用户都可以在工作目录上进行文件的读取与修改。

mary 和 sofei 同时是小组的管理人员，属于 management 组，mary 是组长，写了一个文件"/soft/prj_1/project_report.txt"。现要求 management 组的成员可以查看 mary 的 project_report.txt 文件，但不能修改，而其他人则不能访问。

【任务分析】

系统管理员使用 useradd 命令和 passwd 命令创建普通用户，使用 gpasswd 命令把用户添加到组，使用 mkdir 创建工作目录，使用 chown 命令修改文件所属用户及组，使用 chmod 命令修改文件权限。

【预备知识】

1. Linux 系统中的用户

Linux 是多用户系统，Linux 系统中的用户可以分为 3 种：管理员 root、系统用户和普通用户。其中，管理员 root 和系统用户是在安装系统的过程中由安装程序自动创建的。

（1）管理员 root

Linux 系统安装过程中，安装程序会引导用户创建管理员账户 root，用于首次登录系统。root 有权访问系统中的所有文件、目录和其他资源。

（2）系统用户

系统用户是在安装系统的过程中自动创建的。这些账号不具有登录系统的能力，一般被一些服务、应用程序所使用，让这些服务有权限去访问一些数据，例如，Apache 网络服务器创建的系统用户 apache。如果出现错误或黑客攻击，也能够尽量缩小影响范围。

可以在账号文件/etc/passwd 中看到，系统用户所在行的最后一个字段的值是/sbin/nologin，表示它们不能用来登录系统。

（3）普通用户

普通用户是为了维护一个安全的系统环境而创建的，目的是让该用户通过用户名和密码登录到 Linux 系统，或者访问系统服务，但权限有限。如果用户登录后的命令提示符是"$"，则是普通用户。

如果在创建普通用户的时候，没有特别指明新用户的主目录，默认情况下，系统为每个新创建的用户在/home 目录下建立一个与用户名同名的主目录（root 用户的主目录为/root），作为登录后的起点，用户可以在自己的主目录下创建文件和子目录。

2. Linux 系统中的组

通过对用户进行分组，可以更有效地实现对用户权限的管理。不同的用户可以属于不同的组，也可以属于相同的组，也可以是同一个用户同时属于多个不同的组。同组的用户，对特定的文件拥有相同的操作权限。如果某个用户属于多个组，那么其权限是几个组权限的累加。

在 Linux 系统中，存在很多的用户组，每个用户组都有一个组账号，包括组名称、口令以及主目录成员等信息。这些组账号可以在/etc/group 文件中看到。

组分为 3 种类型：管理员用户组、系统用户组和普通用户组。其中，管理员用户组、系统用户组是由系统自动生成的，普通用户组是管理员根据需要创建的。

如果在创建普通用户的时候，没有特别指明新用户所属用户组，系统将默认创建一个与用户名同名的组，并将该用户作为该组的默认成员。

3. 用户/组账号的配置文件

（1）用户账号文件（passwd）

passwd 是一个文本文件，用于定义 Linux 系统的用户账号，该文件位于/etc 目录下。下面的例子显示的是执行 head 命令看到的部分内容。

```
[root@localhost root]# head  -3  /etc/passwd        //查看 passwd 的前 3 行内容
root:x:0:0:root:/root:/bin/bash
bin:x:1:1:bin:/bin:/sbin/nologin
daemon:x:2:2:daemon:/sbin:/sbin/nologin
 [root@localhost root]# ls  -l  /etc/passwd          //查看 passwd 文件的权限
-rw-r--r--    1 root      root         1676  6 月 25   00:37  /etc/passwd
```

passwd 文件中每行定义一个用户账号，一行中又划分为多个字段定义用户的账号的不同属性，各字段用":"隔开。其中少数字段的内容是可以为空的，但仍然使用":"来占位。由于所有用户都对 passwd 有读权限，所以该文件中只定义用户账号，而不保存口令，密码加密后保存到 shadow 文件中。passwd 文件各字段的含义如表 6-1 所示。

表 6-1　passwd 文件各字段的含义

字段号	字段含义
1	用户在系统中的名字。用户名中不能包含大写字母
2	用户口令，出于安全考虑，现在不使用该字段保存口令，而用字母"x"来填充该字段，真正的密码保存在 shadow 文件
3	用户表示号（UID），唯一表示某用户的数字
4	用户所属的私有组号，该数字对应 group 文件中的 GID
5	可选的，通常用于保存用户的相关信息，如真实姓名、联系电话、办公室位置等。该部分信息可以使用 finger 来读取
6	用户的主目录，用户成功登录后的默认目录
7	用户所使用的 shell，如该字段为空则使用"/bin/sh"

（2）用户口令文件（shadow）

shadow 文件位于/etc 目录下面，用于存放用户的口令等重要信息。为进一步提高安全性，shadow 文件中保存的是已加密的口令，只有管理员才可以读取。下面显示的是通过"more"命令查看到的该文件的内容。

```
[root@localhost root]# ls   -l   /etc/shadow              //查看 shadow 文件的权限
-r--------      1   root       root       1120   6 月 18   23:12   /etc/shadow
[root@localhost root]# cat   /etc/shadow                  //显示 shadow 的内容
root:$1$fwd5DpxH$tWC6dHhT99NwAfF2uxwKf.:14413:0:99999:7:::
bin:*:13952:0:99999:7:::
daemon:*:13952:0:99999:7:::
adm:*:13952:0:99999:7:::
……
```

在 shadow 文件中，每行定义了一个用户信息，行中各字段用":"隔开为 9 个域，从左往右每个域的含义如表 6-2 所示。

表 6-2　shadow 文件各字段说明

字段号	字段说明
1	登录名
2	加密口令
3	口令上次更改时距 1970 年 1 月 1 日的天数
4	口令更改后不可以更改的天数
5	口令更改后必须再更改的天数（有效期）
6	口令失效前警告用户的天数
7	口令失效后距账号被查封的天数

续表

字段号	字段说明
8	账号被封时距 1970 年 1 月 1 日的天数
9	保留未用

（3）组账号文件（group）

group 文件位于/etc 目录下面，用于存放用户的组账号信息，该文件的内容任何用户都可以读取。

```
[root@localhost root]# ls   -l   /etc/grep
-rw-r--r--    1 root       root              626   6 月 18   23:12   /etc/group
[root@localhost root]# cat   /etc/group      //显示 group 的内容
root:x:0:root
bin:x:1:root,bin,daemon
daemon:x:2:root,bin,daemon
        ..........
```

group 文件中的每一行定义了一个组的信息，各字段用"："分开。group 文件中每个用户组的信息由 4 个字段组成，如表 6-3 所示。

表 6-3　group 文件各字段说明

字段号	字段说明
1	组的名字
2	组的加密口令
3	系统区分不同组的 ID，在/etc/passwd 域中的 GID 域使用这个数来指定用户的缺省组
4	用"，"分开的用户名，列出的是这个组的成员

（4）组口令文件（gshadow）

gshadow 文件位于/etc 目录下面，用于定义用户组口令、组管理员等信息，该文件只有 root 用户可以读取。通过 cat 命令可以查看该文件的内容。

```
[root@localhost root]# ll   /etc/gshadow
-r--------    1 root       root              517   6 月 18   23:12   /etc/gshadow
[root@localhost root]# cat   /etc/gshadow        //显示 gshadow 的内容。
root:::root
bin:::root,bin,daemon
daemon:::root,bin,daemon
sys:::root,bin,adm
adm:::root,adm,daemon
tty:::
disk:::root
..........
```

gshadow 文件中每行定义一个用户组信息，行中各字段间用"："分隔。各字段的的含义如表 6-4 所示。

4. 用户的管理

（1）useradd

Linux 系统是一个高效的多用户操作系统，可以支持多个本地或远程用户同时工作。管理员 root

创建一个账号系统需要完成以下几个步骤：

1）在/etc/passwd、/etc/group、/etc/shadow 和/etc/gshadow 文件中增添一行记录。

2）在/home 目录下创建新用户的主目录。

3）将/etc/skel 目录中的文件拷贝到用户的主目录中。

表 6-4　gshadow 文件各字段说明

字段号	字段说明
1	组账号的名称，该字段与 group 文件中的组名称对应
2	组账号的口令，该字段用于保存已加密的口令
3	组管理员账号的列表，管理员有权对该组添加删除账号
4	属于该组的用户成员列表，列表中多个用户间用 "," 分隔

useradd 命令的常用格式是："useradd [选项] 用户名"。表 6-5 列出了 useradd 命令常用的选项及其说明。

表 6-5　useradd 的主要选项及作用

选项	作用
-c comment	注释信息，指定用户姓名或其他相关信息
-d homedir	指定用户的主目录，默认是/home/用户登录名
-g group	指定用户所属的组，使用组名或 GID 均可，组应该已经存在
-p passwd	指定用户的登录口令
-e expire	指定账号失效日期，格式是 yyyy-mm-dd，在此之后该账号将失效
-s shell	指定用户使用的 shell。默认是/bin/bash
-r	为系统创建一个新账号，但不创建主目录，且 UID 小于/et/login.defs 文件中定义的 UID_MIN
-u uid	指定用户的 UID，一般要大于 499
-f days	口令过期后，口令禁用前的天数

增加新用户时，系统将为用户创建一个与用户名相同的组，称为私有组。这一方法是为了能让新用户与其他用户隔离，确保安全性的措施。

没有指定用户 UID 和 GID 时，命令 useradd 将/etc/passwd 文件中最大的 UID 值加 1，将/etc/group 文件中最大的 GID 值也加 1。

（2）passwd

root 或希望修改自己密码的用户可以执行 passwd 设置或更改账户密码。

```
[root@localhost root]# passwd   mary        //设置登录口令
Changing password for user mary.
New password:
BAD PASSWORD: it is too simplistic/systematic
Retype new password:
passwd: all authentication tokens updated successfully.        //口令设置成功
[root@localhost root]# more   /etc/shadow |grep   mary
```

mary:1H60IGciY$9UouIwhfn4cG.wApg.9/D.:14458:0:99999:7:::

passwd 命令功能强大，除了设置、修改用户账号的口令外，还有其他的功能，如表 6-6 所示。该命令的使用格式是："passwd [选项] [用户名]"。

表 6-6 passwd 的常用选项及作用

选项	作用
-l	锁定用户账号，使其在解锁前不能用来登录系统
-u	解除锁定的用户账号，使其恢复登录系统的功能
-d	删除用户账号的登录口令
-S	用来查询指定用户账号是否处于锁定状态

```
[root@localhost root]# more   /etc/shadow |grep tom
zhl:$1$ei39i9Lz$4LXEqvEoTEukjRcEJjYWK0:14457:0:99999:7:::
[root@localhost root]# passwd   -l tom
Locking password for user tom.
passwd: Success
[root@localhost root]# passwd   -S tom
Password locked.
[root@localhost root]# more   /etc/shadow |grep tom
zhl:!!$1$ei39i9Lz$4LXEqvEoTEukjRcEJjYWK0:14457:0:99999:7:::
[root@localhost root]# passwd   -u tom
Unlocking password for user tom.
passwd: Success.
[root@localhost root]# more   /etc/shadow |grep tom
zhl:$1$ei39i9Lz$4LXEqvEoTEukjRcEJjYWK0:14457:0:99999:7:::
[root@localhost root]# passwd   -d tom
Removing password for user tom.
passwd: Success
[root@localhost root]# more   /etc/shadow |grep tom
zhl::14457:0:99999:7:::
```

（3）usermod

usermod 可以用来修改用户账号的相关信息，如主目录、备注、shell、有效期限、缓冲天数等。该命令的使用格式是："usermod   [选项]   [用户名]"，其中常用的选项及作用如表 6-7 所示。

表 6-7 usermod 的常用选项及作用

选项	作用
-l newname	用于改变已有账号的用户名
-L	在 shadow 文件中指定用户账号的口令字段前加入锁定符号 "!"，锁定该账号
-U	解除已经锁定的用户账号，使其能够正常登录系统
-g newgrp	修改用户所属的组

另外，设置用户账号的相关信息还可以使用命令 chfn 和 chsh。chfn 用来设置用户的 finger 信息，包括用户全名、办公室电话等。chsh 不但可以显示系统可用的 shell，还可以用来修改用户的登录 shell。

（4）userdel

userdel 命令在删除账号的同时也删除用户的主目录，包括其中的文件以及用户邮件池中的文件，命令格式是："userdel -r 用户名"。如果不使用选项 "-r"，则仅删除用户账号而不删除相关文件。

```
[root@localhost root]# userdel  -r  zhl
[root@localhost root]# ls  /home |grep  zhl  //查询用户 zhl 的主目录是否还存在
[root@localhost root]# userdel  tom
userdel: user tom is currently logged in       //不能删除已经登录系统的用户
[root@localhost root]# userdel  mary
[root@localhost root]# ls  /home |grep  mary
mary
```

5. 组的管理

对用户组账号的管理主要是添加、删除用户组、修改组账号的信息，以及设置组账号的成员等操作，可以通过 groupadd、groupdel 和 gpasswd 命令来实现。这些操作绝大部分是需要管理员才能完成。

（1）groupadd

增加组账号使用命令 groupadd，格式为："groupadd [选项] 组名"。组账号的 GID 必须唯一且不小于 0，每增加一个组账号 GID 值逐次增加 1。

选项 "-r" 用于添加 GID 在 0~499 之间的系统组账号，不使用该选项时，添加的普通组账号 GID 从 500 起。

```
[root@localhost root]# groupadd  -r  syslbgroup
[root@localhost root]# groupadd     lbgroup
[root@localhost root]# grep  lbgroup  /etc/group
syslbgroup:x:102:
lbgroup:x:507:
```

（2）groupmod

修改组账号的名称和 GID 使用命令 groupmod，格式是："groupmod [选项] 组账号名"。其中，常用的选项及作用如表 6-8 所示。

表 6-8　groupmod 的常用选项及作用

选项	作用
-n newname	改变组账号的名称
-g newgid	改变组账号的 GID

```
[root@localhost root]# grep  group  /etc/group
lbgroup:x:507:
syslbgroup:x:102:
[root@localhost root]# groupmod  -n  sgroup  syslbgroup
[root@localhost root]# groupmod  -g  505      lbgroup
[root@localhost root]# grep  group  /etc/group
lbgroup:x:505:
Sgroup:x:102:
```

（3）gpasswd

命令 gpasswd 用于对组账号的成员进行管理，比如添加或删除成员。命令的格式："gpasswd [选项] 组账号"。其中，常用的选项及作用如表 6-9 所示。不带选项的 gpasswd 用来设置或修改组账号的密码。

表 6-9　gpasswd 的常用选项及作用

选项	作用
-A username	系统管理员使用该选项设置用户为组管理员。可以同时设置多个用户为组管理员，多个用户名之间用","隔开。设置空列表（""）可以取消所有组管理员
-M username	系统管理员使用该选项设置用户为组成员。可以同时设置多个用户为组成员。设置空列表（""）可以取消所有组成员
-a username	系统或组的管理员使用该选项添加新成员到组
-d username	系统或组的管理员使用该选项从组中删除成员
-r	系统或组的管理员可以使用该选项移除组密码

```
[root@localhost root]# tail  -4  /etc/passwd
redhat:x:500:500::/home/redhat:/bin/bash
zhl:x:503:503::/home/zhl:
marry:x:506:506::/home/marry:/bin/bash
mary:x:507:507::/home/mary:/bin/bash
[root@localhost root]# gpasswd  -A tom,marry  lbgroup
[root@localhost root]# grep  lbgroup  /etc/gshadow
lbgroup:!:zhl,marry:
[root@localhost root]# gpasswd  -A  ""  lbgroup
[root@localhost root]# grep  lbgroup  /etc/gshadow
lbgroup:!::

[root@localhost root]# gpasswd  -M  redhat,mary  lbgroup
[root@localhost root]# grep  lbgroup  /etc/gshadow
lbgroup:!::redhat,mary
[root@localhost root]# gpasswd  -M  ""  lbgroup
[root@localhost root]# grep  lbgroup  /etc/gshadow
lbgroup:!::

[root@localhost root]# gpasswd  -A tom  lbgroup
[root@localhost root]# grep  lbgroup  /etc/gshadow
lbgroup:!:zhl:
[root@localhost root]# gpasswd  -a  marry  lbgroup
Adding user marry to group lbgroup
[root@localhost root]# gpasswd  -a tom   lbgroup
Adding usertom to group lbgroup
[root@localhost root]# grep  lbgroup  /etc/gshadow
lbgroup:!:zhl:marry,zhl
[root@localhost root]# su tom
sh-2.05b$ gpasswd  -d  marry  lbgroup
Removing user marry from group lbgroup
sh-2.05b$ gpasswd  -d tom  lbgroup
Removing usertom from group lbgroup
sh-2.05b$ grep  lbgroup  /etc/gshadow
grep: /etc/gshadow: 权限不够
sh-2.05b$ grep  lbgroup  /etc/group
```

lbgroup:x:505:

（4）groupdel

命令 groupdel 用于删除指定的组账号，若该组中仍包括某些用户，则必须先从组中删除这些用户。命令格式："groupdel 组账号名"。要删除一个用户的私有用户组（primary group），必须先删除该用户账号。

```
[root@localhost root]# groupadd   workgrp
[root@localhost root]# tail -2 /etc/gshadow
zhl:!:zhl:zhl
workgrp:!::
[root@localhost root]# gpasswd -a tom workgrp
Adding usertom to group workgrp
[root@localhost root]# tail -2 /etc/gshadow
zhl:!:zhl:zhl
workgrp:!::zhl
[root@localhost root]# id tom
uid=501（zhl）gid=501（zhl）groups=501（zhl）,502（zhl）,503（workgrp）
[root@localhost root]# groupdel   workgrp
[root@localhost root]# tail -2 /etc/gshadow
zhl:RqhecBV9yQyyo::
zhl:!:zhl:zhl
[root@localhost root]# id tom
uid=501（zhl）gid=501（zhl）groups=501（zhl）,502（zhl）

[root@localhost root]# groupdel   zhl
groupdel: cannot remove user's primary group.
[root@localhost root]# userdel   zhl
[root@localhost root]# tail -2 /etc/gshadow
zhl:RqhecBV9yQyyo::
zhl:!:zhl:zhl
[root@localhost root]# groupdel   zhl
[root@localhost root]# tail -2 /etc/gshadow
mysql:!::
zhl:RqhecBV9yQyyo::
```

【任务实施】

1．以系统管理员身份 root 登录 Linux 系统。添加 tom、mary、sofei、john 四个账户，并为他们设置登录密码。

```
[root@localhost root] # useradd tom
[root@localhost root] # passwd tom
[root@localhost root] # useradd mary
[root@localhost root] # passwd tom
[root@localhost root] # useradd sofei
[root@localhost root] # passwd sofei
[root@localhost root] # useradd john
[root@localhost root] # passwd john
```

查看账户管理文件
```
[root@localhost root] # tail -4 /etc/passwd
```

如图 6-1 所示。

图 6-1　查看账户管理文件

2．添加 soft_prj 附属组，创建工作目录/soft/prj_1。

```
[root@localhost root] # groupadd    soft_prj
[root@localhost root] # mkdir   –p   /soft/prj_1
```

3．使用 gpasswd 命令把 tom、mary、sofei、john 加入到 soft_prj 附属组中。

```
[root@localhost root] # gpasswd   -a   mary    soft_prj
[root@localhost root] # gpasswd   -a   tom     soft_prj
[root@localhost root] # gpasswd   -a   sofei   soft_prj
[root@localhost root] # gpasswd   -a   john    soft_prj
```

也可以使用 usermod 命令：

```
[root@localhost root] # usermod   -G soft_prj   mary
[root@localhost root] # usermod   -G soft_prj   tom
[root@localhost root] # usermod   -G soft_prj   sofei
[root@localhost root] # usermod   -G soft_prj   john
```

4．设置/soft/prj_1 的所属组 soft_prj。

```
[root@localhost root] # chown :soft_prj     /soft/prj_1
```

5．设置/soft/prj_1 文件的访问权限。

```
[root@localhost root] # chmod   g=rwx,o=   /soft/prj_1
```

6．添加 management 附属组，并把 mary、sofei 加入到 management 组中。

```
[root@localhost root] # groupadd management
[root@localhost root] # gpasswd   –a   mary    management
[root@localhost root] # gpasswd   –a   sofei   management
```

7．用 mary 登录系统，创建 project_report.txt 文件，修改文件所属组及权限。

```
[root@localhost root] # su mary
[mary@localhost root] $ cd   /soft/prj_1
[mary@localhost   prj_1] $ vi project_report.txt
[mary@localhost   prj_1] $ chown :management project_report.txt
[mary@localhost   prj_1] $ chmod g=r,o=   project_report.txt
```

【任务检测】

1．是否创建了 tom、mary、sofei、john 四个帐户？

2．是否添加了 soft_prj 附属组？创建工作目录/soft/prj_1。

3．是否把 tom、mary、sofei、john 加入到 soft_prj 附属组中？

4．是否设置了/soft/prj_1 的所属组 soft_prj？

5．是否设置了/soft/prj_1 文件的访问权限？

6．是否添加了 management 附属组，并把 mary、sofei 加入到 management 组中？

7. 用 mary 登录系统，是否创建了 project_report.txt 文件，是否修改了文件所属组及权限。

【任务拓展】

查找 Linux 的用户与组管理的方法或技巧资料。

思考与习题

一、填空题

1. Linux 系统安装过程中，安装程序会引导用户创建用户_____。该用户相当于 Windows 操作系统中的 administrator。

2. Linux 系统中的用户可以分为 3 种：_____、_____和_____。

3. 普通用户的 ID 号从_____开始。

4. 默认情况下，所有用户都可以通过查看配置文件_____的内容知道系统中当前已经存在的用户。

5. 默认情况下，所有用户都可以通过查看配置文件_____的内容知道系统中当前已经存在的用户组。

6. Linux 系统中每个用户都有一个唯一的 UID，管理员新增的第一个普通的 UID 是_____。

二、判断题

1. Linux 系统所有用户的创建都是以登录系统为目的的。（   ）

2. 默认情况下，所有的用户都可以查看配置文件/etc/passwd 和/etc/gshadow。（   ）

3. Linux 系统中的用户只有设置密码后，才能用来登录系统。（   ）

4. 要删除一个用户的私有用户组（primary group），必须先删除该用户账号。（   ）

5. 只有管理员才有权创建用户和组，用户和组的名字中也可以包含大写字母。（   ）

三、选择题

1. 以下的文件中，只有 root 用户才能进行存取的是（   ）。

    A．/etc/passwd   B．/etc/group

    C．/etc/shadow   D．/etc/gshadow

2. 要将某个用户添加到指定的组，可以使用的命令是（   ）。

    A．passwd   B．gpasswd

    C．groupadd   D．groupmod

3. usermod 命令无法实现的操作是（   ）。

    A．账号重命名   B．改变用户所在的组

    C．账号的锁定与解锁   D．删除用户的登录密码

四、综合题

1. root 的 UID 与 GID 是多少？基于这个理由，请说明如何使普通用户账户 mary 也具有 root

的权限?

2．假如系统管理员想暂时停用一个账户，让他近期无法进行任何动作，等到将来一段时间过后再启用他的账户，怎么做才比较好?

3．如果希望使用 useradd 创建的每个账户，在默认情况下，他们的主目录中都包含一个名为 www 的子目录，应该怎么做?

4．写出在命令行方式下新建用户 mary 的命令，以及通过 passwd 可以对该用户实现的管理?

5．管理员 root 在某时刻执行了命令 w 得到如下显示结果，请分别解释带下划线的各项所表示的含义。

```
[root@localhost   root]#w
 2:30pm    up 11days,21:18      4 users,    load average: 0.12,0.09,0.08
 USER     TTY    FROM       LOGIN@    IDLE    JCPU    PCPU    WHAT
 root     tty1    -         09:21am    3:21    0.13s   0.08s   -bash
 george   tty2    -         09:40am    18:00s  0.12s   0.00s   telnet
 dzw      tty6    -         11:12am    34:00s  0.06s   0.06s   bash
 marry    pts/1  192.0.3.11  02:40pm    5.20s   0.09s   0.03s   ftp
```

项目七

文件系统与磁盘管理

项目目标

- 了解 Linux 文件系统
- 能创建 Linux 系统分区
- 能创建文件系统
- 能挂载文件系统
- 能挂载光盘、U 盘等可移动设备
- 能监视和检查文件系统

任务1 磁盘分区及文件系统挂载

【任务描述】

系统管理员在 Linux 系统中安装了第二块 10GB 的 SCSI 硬盘（或在 VMware 中创建虚拟硬盘），需要创建 5GB 的主分区，文件系统采用 ext3，挂载到/data 目录下；需要创建 2GB 的逻辑分区，文件系统采用 ext3，挂载到/bak 目录下；需要创建一个 512MB 的 swap 分区。

为了避免在 Linux 系统中手动挂载 U 盘、CD-ROM 的麻烦，系统管理员需要自动挂载 U 盘、CD-ROM 及以上磁盘分区。

【任务分析】

系统管理员可以使用 fdisk 工具来创建分区，创建分区时，根据要求创建主分区、扩展分区、逻辑分区。

可以使用 mke2fs -j 命令来创建 ext3 文件系统。

可以使用 mkdir 命令为分区创建挂载目录/data 和/bak。

可以使用 mount 命令挂载分区。

可以使用 VI 工具编辑/etc/fstab 配置文件来设置自动挂载 U 盘、CD-ROM 和磁盘分区。

【预备知识】

1. 设备文件

Linux 系统中所有的硬件设备都是通过文件的方式来表现和使用的，我们将这些文件称为设备文件，在 Linux 下的/dev 目录中有大量的设备文件，根据设备文件的不同，又分为字符设备文件和块设备文件。

字符设备文件的存取是以字符流的方式来进行的，一次传送一个字符。常见的有打印机、终端（TTY）、绘图仪和磁带设备等。

块设备文件是以数据块的方式来存取的，最常见的设备就是磁盘。系统通过块设备文件存取数据的时候，先从内存中的 buffer 中读或写数据。而不是直接传送数据到物理磁盘。这种方式有效地提高了磁盘的 I/O 性能。

2. 磁盘分区介绍

（1）磁盘分区标识

为了更有效地使用硬盘空间，往往需要将物理硬盘分成几个逻辑区域，每个逻辑区域叫一个分区（partion）。硬盘上的分区可以分为 3 种类型：主分区（primary partition）、扩展分区（extended partition）和逻辑分区（logical partition）。

划分硬盘时的第一个主分区通常被指定是主分区，一块物理硬盘最多可以创建 4 个主分区，如果想创建更多，则必须创建一个扩展分区。扩展分区可以没有，但最多只能有一个，占据一个主分区的位置。扩展分区上面不能直接存放数据，它的存在是为了在上面创建逻辑分区，逻辑分区的个数不受限制。主分区的编号占用 1~4，因此第一个逻辑分区从 5 开始。

Linux 通过字母和数字的组合来标识硬盘分区，例如，/dev/hda3 表示第 1 个 IDE 接口硬盘上的第 3 个主分区或扩展分区，/dev/sdb6 表示第 2 个 SCSI 硬盘上的第 2 个逻辑分区。分区名的前两个字母表明分区所在设备的类型，hd 是指 IDE 接口的硬盘，sd 是指 SCSI 接口的硬盘；下一个字母表明分区所在的设备，a 表示第 1 个，b 表示第 2 个；数字用于代表分区，主分区或扩展分区用数字 1~4 表示，逻辑分区从 5 开始。

（2）磁盘分区表

分区表：每个磁盘上第一块的 512 字节是主引导记录（MBR），存放引导程序，系统启动时，BIOS 将控制权交给引导程序，负责装载操作系统，MBR 中还有 64 字节保存磁盘分区表，记载每个分区的开始位置、结束位置和分区类型，该空间只能保存 4 个分区的信息。

3. 磁盘分区管理

（1）磁盘分区的划分标准

主分区的作用是用来启动操作系统的，主要存放操作系统的启动或引导程序，因此建议操作系统的引导程序都放在主分区，比如 Linux 的/boot 分区，最好放在主分区上。扩展分区只不过是逻辑分区的"容器"。实际上只有主分区和逻辑分区是用来进行数据存储的，因而可以将数据集中存放在磁盘的逻辑分区中，由于磁盘分区作用的不同，Linux 对主分区大小也有限制，因此，对于大量的数据，一定要存储在逻辑分区中。

经过上面的阐述，一个合理的分区方式为：主分区在前，扩展分区在后，然后在扩展分区中划分逻辑分区；主分区的个数加上扩展分区个数要控制在 4 个之内。

通过 fdisk -l 命令可以显示当前系统分区的所有信息，如图 7-1 所示。

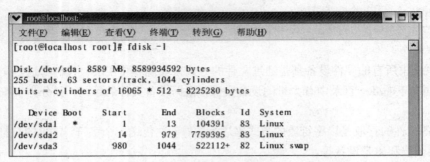

图 7-1　显示当前系统分区的所有信息

对于每项输出的含义解释如下：

heads 代表磁盘面数；sectors 代表扇区数；每个扇区大小为 512 字节，cylinders 代表柱面数，因此，硬盘空间总大小＝磁面个数*(扇区个数*每个扇区的大小）*柱面个数=255*63*512*1044= 8589934592 字节。

第一列 Device 显示了磁盘分区对应的设备文件名。

第二列 Boot 显示是否为引导分区，上面的/dev/sda1 就是引导分区。

第三列 Start 表示每个磁盘分区的起始位置，以柱面为计数单位。

第四列 End 显示了每个磁盘分区的终止位置，以柱面为计数单位。

第五列 Blocks 显示了磁盘分区的容量，以 K 为单位。

第六列 Id 显示了磁盘分区对应的 ID，根据分区的不同，分区对应的 ID 号也不同，Linux 下用 83 代表主分区和逻辑分区，用 5 代表扩展分区，而用 82 代表交换分区，用 7 代表 NTFS 分区等。

第七列 System 的含义与第六列基本相同，都是表示不同的分区类型。

（2）利用 fdisk 工具划分磁盘分区

fdisk 是 Linux 下一款功能强大的磁盘分区管理工具，可以观察硬盘的使用情况，也可以对磁盘进行分割，Linux 下类似于 fdisk 的工具还有 cfdisk、parted 等。

使用格式：

fdisk [-l] [-b SSZ] [-u] device

选项含义：

-l：查询指定设备的分区状况，如：fdisk -l　/dev/sda，如果"-l"选项后面不加任何设备名称，则查看系统所有设备的分区情况。

-b SSZ：将指定的分区大小输出到标准输出上，单位为区块。

-u：一般与"-l"选项配合使用，显示结果将用扇区数目取代柱面数目，用来表示每个分区的起始地址。

device：要显示或操作的设备名称。

fdisk 的使用分为两个部分：查询部分和交互操作部分。通过 fdisk device 即可进入命令交互操作界面，然后输入 m 显示交互操作下所有可使用的命令。

[root@localhost /]# fdisk /dev/sdb
Warning: invalid flag 0x0000 of partition table 4 will be corrected by w(rite)

```
Command (m for help): m
Command action
   a    toggle a bootable flag
   b    edit bsd disklabel
   c    toggle the dos compatibility flag
   d    delete a partition
   l    list known partition types
   m     print this menu
   n    add a new partition
   o    create a new empty DOS partition table
   p    print the partition table
   q    quit without saving changes
   s    create a new empty Sun disklabel
   t    change a partition's system id
   v     verify the partition table
   w     write table to disk and exit
   x     extra functionality (experts only)
```

对于交互界面下的命令含义解释如下：

a：设定硬盘启动区。

b：编辑一个 BSD 类型分区。

c：编辑一个 DOS 兼容分区。

d：删除一个分区。

l：查看指定分区的分区表信息。

m：显示 fdisk 每个交互命令的详细含义。

n：增加一个新的分区。

o：创建一个 DOS 分区。

p：显示分区信息。

q：退出交互操作，不保存操作的内容。

s：创建一个空的 Sun 分区表。

t：改变分区类型。

v：校验硬盘分区表。

w：写分区表信息到硬盘，保存操作退出。

x：执行高级操作模式。

交互命令很多，但是经常用到的只有 d、l、m、n、p、q、w 这几个选项，只要熟练掌握这几个参数的含义和用法，简单的磁盘划分操作不成问题。

4. 文件系统

文件系统（file system）是操作系统在磁盘上存储与管理文件的方法和数据结构。文件系统可以有不同的格式，叫做文件系统类型（file system types）。这些格式决定信息如何被存储为文件和目录。在 Linux 系统中，主要支持以下几种类型的文件系统。在/proc/filesystems 这个文件中，可以看到系统支持的所有文件系统类型。

（1）ext2 与 ext3

ext2 文件系统（second extended filesystem，第二代扩展文件系统）是 Linux 中标准的文件系统。

该文件系统是 Linux 中原来使用的 ext 文件系统的后续版本。

ext2 文件系统和其他 UNIX 使用的文件系统非常相似。ext2 文件系统的最大容量可达 16TB，文件名长度可达 255 个字符。

ext2 的核心是两个内部数据结构，即超级块（superblock）和索引节点（inode）。超级块是一个包含文件系统重要信息的表格，比如标签、大小、索引节的数量等，是对文件系统结构的基础性、全局性描述。因此，没有了超级块的文件系统将不可用。

索引节点是基本的文件级数据结构，文件系统中的每一个文件都可以在某一个索引节点中找到描述。索引节点描述的文件信息包括文件的创建和修改时间、文件大小、实际存放文件的数据块列表等。文件名字通过目录项（directory entry）关联到索引节点，目录项由"文件名字-inode"对构成。

ext3 是 ext2 文件系统的后续版本，是在 ext2 文件系统上加入了文件系统日志的管理机制，这样在系统出现异常断电等事件而停机后再次启动时，操作系统会根据文件系统的日志快速检测并恢复文件系统到正常状态，从而避免了像 ext2 文件那样需要对整个文件系统的磁盘空间进行扫描，大大提高了系统的恢复运行时间。

（2）reiserfs

提供日志功能是文件系统的发展趋势，尤其是对于像 Linux 这样通常作为服务器使用的操作系统更是如此。在 Red Hat Linux 9 中，还可以使用 reiserfs 文件系统，它是性能优越且应用广泛的日志文件系统，受到 Linux 用户的普遍认可。

reiserfs 有先进的日志机制，在系统意外崩溃的时候，未完成的文件操作不会影响到整个文件系统结构的完整性。ext2 文件系统一旦被不正常地断开，在下一次启动时它将进行漫长的检查系统数据结构完整性的过程。对于较大型的服务器文件系统，这种"文件系统检查"可能要持续好几个小时。

reiserfs 支持海量磁盘和优秀的综合性能，可轻松管理上百 G 的文件系统，启动 X-Window 系统的时间大大减少。ext2 无法管理 2G 以上的单个文件，这也使得 reiserfs 在某些大型企业级应用中要比 ext2 出色。

（3）VFAT

VFAT（Virtual File Alfocation Table，虚拟文件分配表）是对 FAT 文件系统的扩展。VFAT 解决了长文件名问题，文件名可长达 255 个字符，支持文件日期和时间属性，为每个文件保留了文件创建日期和时间、文件最近被修改的日期/时间和文件最近被打开的日期/时间。为了同 MS-DOS 和 Windows 16 位程序兼容，它仍保留有扩展名。

在 Linux 中把 DOS/Windows 下的所有 FAT 文件系统统称为 VFAT，其中包括 FAT12、FAT16 和 FAT32。

（4）ISO9660

ISO9660 是光盘所使用的国际标准文件系统，它定义了 CD-ROM 上文件和目录的格式。

（5）swap

swap 文件系统在 Linux 中作为交换分区使用，交换分区用于操作系统实现虚拟内存，类似 Windows 下的页面文件。

在安装 Linux 操作系统时，交换分区是必须建立的，其类型一定是 swap，不需要定义交换分区在 Linux 目录结构中的挂载点。交换分区由操作系统自动管理，用户不需要对其进行过多的操作。

5. 建立文件系统

磁盘分区划分完毕，还需要将分区格式化为需要的文件系统类型。

（1）使用 mke2fs 命令建立文件系统，格式如下："mke2fs [options] [device-name]"。

-b：设定块大小，值为 1024、2048、4096。

-L：设定标签名称。

-i：设定每个 inode 对应的字节数目。

-j：创建 ext3 文件系统。

-N number：直接设定 inode 数目。

例如：[root@localhost /]#mke2fs -j /dev/sdb1。

（2）可以使用 dumpe2fs 命令查看 ext2、ext3 文件系统的相关信息。

例如：dumpe2fs /dev/sdb1。

（3）可以使用 e2label 命令设置卷标。

例如：e2label /dev/sdb1。

（4）可以使用 fsck 命令来检查和修复文件系统。

例如：fsck [options] device-name。

-t：指定文件系统类型。

-n：只进行文件系统检查，不修复。

-y：对发现的问题不经询问直接修复。

例如：fsck -t ext3 /dev/sda1。

（5）在大型系统中创建多个交换分区，可以提高磁盘存储空间的访问，在创建交换分区后，使用 mkswap 创建 swap 文件系统。

例如：mkswap /dev/sdb3。

（6）使用 swapon 激活 swap 文件系统

6. 挂载/卸载文件系统

使用文件系统之前，需要将文件系统挂载到 Linux 目录树的某个目录上，文件系统所挂载到的目录被称为挂载点。

（1）手动挂载

挂载文件系统的命令为 mount，该命令的选项如表 7-1 所示。

mount [-t fs-type] [-o option] device mountpoint

表 7-1　mount 命令的选项

选项	作用
-t vfat	指定存储设备使用的分区类型是 Windows 分区格式
-a	读取/etc/fstab 文件中，挂载里面设定的所有设备
-o iocharset=gb2312	按照中文字符编码格式显示存储设备中的中文文件名字
-r	以只读的方式挂载存储设备上的文件系统
-w	以可读可写的方式挂载存储设备上的文件系统

操作如下：

```
[root@localhost /]# mkdir /data
[root@localhost /]# mount /dev/sdb1 /data
```

```
[root@localhost /]# df|grep /data
/dev/sdb1              988212       17652       920360       2% /data
```

在上面操作中，我们首先建立了一个挂载目录/data，然后通过 mount 命令将设备挂载到了对应的目录下，挂载成功后，通过 df 命令就可以看到对应的分区。

（2）自动挂载

系统引导时会读取/etc/fstab 文件，并对文件中的文件系统进行挂载。

/etc/fstab 文件的内容分为六列，含义如表 7-2 所示。

表 7-2   /etc/fstab 文件各列含义

参数	描述
/dev/device	将要被挂载的设备
/dirmount	文件系统要被挂载到的目录
/fs-type	文件系统类型
Options	挂载选项，传递给 mount 命令以决定如何挂载
Fs-dump	定义是否可使用 dump 命令来输出文件系统信息
Fs-passno	由 fsck 程序决定引导时是否检查磁盘以及检查顺序

使用 VI 编辑/etc/fstab 文件可以实现文件系统的自动挂载。

（3）卸载操作

卸载操作通过 umount 命令来实现，命令格式是："umount [选项] [设备名或者挂载点]"。该命令常用的选项及其作用见表 7-3。

表 7-3   umount 的主要选项及作用

选项	作用
-t type	卸载指定类型的文件系统
-a	卸载/etc/fstab 配置文件中设定的所有设备

```
[root@localhostroot]# ls   /mnt/cdrom/            //光盘挂载前该目录为空
[root@localhostroot]# mount   /dev/cdrom   /mnt/cdrom/       //挂载光盘
mount: block device /dev/cdrom is write-protected, mounting read-only
[root@localhostroot]# ls   /mnt/cdrom/        //光盘里面的内容被映射到 mnt/cdrom
files       owc10.msi   pro11.msi    setup.exe   sn.txt
msde2000   owc11.msi   readme.htm   setup.htm
[root@localhostroot]# umount   /mnt/cdrom/        //卸载光盘
[root@localhostroot]# ls   /mnt/cdrom/               //光盘卸载后该目录为空
[root@localhostroot]# mount              //查看当前已经挂载的设备或文件系统
/dev/sda2    on    /        type   ext3   （rw）
none        on    /proc     type   proc   （rw）
none        on    /dev/pts  type   devpts （rw,gid=5,mode=620）
/dev/sda1   on    /boot     type   ext3   （rw）
none        on   /dev/shm   type   tmpfs  （rw）
/dev/cdrom  on   /mnt/cdrom type   iso9660  （r0,nosuid,nodev）
[root@localhostroot]# umount   -a            //使用选项-a
umount: /dev/pts: device is busy          //正在使用中的/dev/pts，没有卸载
```

umount: /: device is busy　　　　　　　　//正在使用中的/，没有卸载

7. 查询磁盘及分区信息

（1）使用系统监视器

在进行系统管理或者增加新的软件时，用户都需要关注磁盘的使用情况。在 GNOME 图形界面下，可以依次单击"主菜单"→"系统工具"→"GNOME 系统监视器"图标，打开图 7-2 所示的窗口，可以看到各个磁盘分区以及空间使用情况。

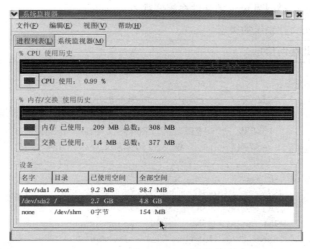

图 7-2　GNOME 系统监视器

另外，还可以依次单击"主菜单"→"系统工具"→"硬件浏览器"图标，启动硬件浏览器程序。图 7-3 中，/dev/sdb 就是本人插入系统的 4G 大小的 U 盘设备，可见在 Linux 系统中 usb 接口的设备，被操作系统当作 SCSI 接口的硬盘来命名和使用。

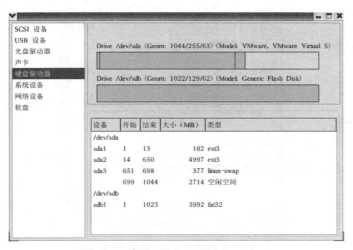

图 7-3　硬件浏览器（硬盘和 U 盘）

（2）使用 df 命令

在命令行界面下，可以使用命令 df 来查看磁盘分区以及磁盘空间的使用情况。df 命令的常用格式是："df [选项] [文件列表]"。该命令用来显示文件列表中每个文件所在的文件系统的信息。常

用的选项如表 7-4 所示，文件列表中的多个文件用空格分开。

表 7-4　df 的主要选项及作用

选项	作用
-h	以容易理解的格式显示文件系统的大小
-a	包括空间大小为 0 个块的文件系统
-t type	只显示出类型为 type 的文件系统信息
-T	显示出文件系统的类型
--help	显示此帮助信息

```
[root@localhostroot]# df
文件系统                1K-块        已用       可用     已用%    挂载点
/dev/sda2            5036316   2806724   1973760   59%      /
/dev/sda1             101089       9377      86493   10%     /boot
none                  157948          0     157948    0%     /dev/shm
//命令中没有设定文件列表时默认显示所有文件系统
[root@localhostroot]# df   -h
文件系统                容量     已用   可用   已用%    挂载点
/dev/sda2            4.9G    2.7G   1.9G    59%       /
/dev/sda1             99M    9.2M    85M    10%     /boot
none                 155M       0    155M     0%    /dev/shm
//最后一行的/dev/shm 代表虚拟内存文件系统
```

【任务实施】

1．为机器连接硬盘，或在 VMware Workstation 中添加一块新的 10GB 虚拟硬盘，如图 7-4 所示。

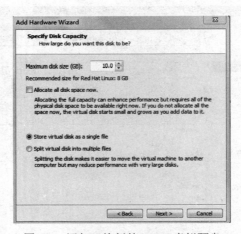

图 7-4　添加一块新的 10GB 虚拟硬盘

2．以 root 管理员身份登录 Linux 系统，使用 fdisk -l 显示当前分区信息，如图 7-5 所示。

3．使用 fdisk 工具创建分区

```
[root@localhost root]# fdisk /dev/sdb
```

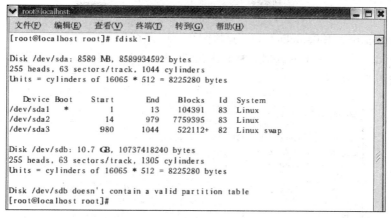

图 7-5　使用 fdisk -l 显示当前分区信息

进入 fdisk 命令界面，如图 7-6 所示。

输入 m，列出 fdisk 的子命令。

输入 p，列出当前磁盘分区信息。

输入 n，创建新的磁盘分区。

```
Command (m for help): p

Disk /dev/sdb: 10.7 GB, 10737418240 bytes
255 heads, 63 sectors/track, 1305 cylinders
Units = cylinders of 16065 * 512 = 8225280 bytes

   Device Boot      Start         End      Blocks   Id  System

Command (m for help): n
Command action
   e   extended
   p   primary partition (1-4)
```

图 7-6　fdisk 命令界面

输入 p，然后选择 partition number(1-4)：1。

在 First cylinder(1_1305,default 1)：直接回车，选择 1。

在 Last cylinder or +size or +sizeM or +sizeK(1-1305,default1305)：+5120M 回车。

输入 n。

输入 p。

在 partition number(1-4)：2。

在 First cylinder(624_1305,default 1)：直接回车，选择 624。

在 Last cylinder or +size or +sizeM or +sizeK(624-1305,default1305)：+512M 回车。

输入 n。

输入 e。

在 partition number(1-4)：3。

在 First cylinder(687_1305,default 1)：直接回车，选择 687。

在 Last cylinder or +size or +sizeM or +sizeK(687-1305,default1305)：直接回车，选择 1305。

输入 n。

输入 1。

在 First cylinder(687_1305,default 1)：直接回车，选择 687。

在 Last cylinder or +size or +sizeM or +sizeK(687-1305,default1305)：直接回车，选择 1305。

输入 p，如图 7-7 所示。

```
Command (m for help): p

Disk /dev/sdb: 10.7 GB, 10737418240 bytes
255 heads, 63 sectors/track, 1305 cylinders
Units = cylinders of 16065 * 512 = 8225280 bytes

   Device Boot    Start       End      Blocks   Id  System
/dev/sdb1             1       623     5004216   83  Linux
/dev/sdb2           624       686      506047+  83  Linux
/dev/sdb3           687      1305     4972117+   5  Extended
/dev/sdb5           687      1305     4972086   83  Linux

Command (m for help):
```

图 7-7　查看分区信息

输入 t。

Partition number(1-5)：2

Hex code(type L to list codes)：82

Change system type of partition 2 to 82(Linux swap)

输入 w，保存分区信息，退出 fdisk。

重启或运行 partprobe，内核重读分区表。

4．建立文件系统

对/dev/sdb1 分区执行格式化，采用 ext3 文件系统，分区标签为/data。

[root@localhost root]# mke2fs -j -L /data /dev/sdb1

对/dev/sdb5 分区执行格式化，采用 ext3 文件系统，分区标签为/bak。

[root@localhost root]# make2fs -j -L /bak /dev/sdb5

制作 swap 文件系统。

[root@localhost root]# mkswap /dev/sdb2

激活 swap 文件系统。

[root@localhost root]# swapon /dev/sdb2

5．建立挂载目录

[root@localhost root]# mkdir /data
[root@localhost root]# mkdir /bak

6．挂载文件系统

[root@localhost root]# mount /dev/sdb1 /data
[root@localhost root]# mount /dev/sdb5 /bak

7．自动挂载文件系统

[root@localhost root]# vi /etc/fstab

如图 7-8 所示。保存退出。

图 7-8   修改 fstab 文件

任务 2   U 盘挂载与浏览

【预备知识】

Linux 将 U 盘模拟为 SCSI 设备。将 U 盘插入 USB 接口，在 GNOME 界面下，利用硬件浏览器来查看 U 盘的相关信息，也可以使用 "fdisk -l" 命令来查看。

```
[root@localhost root]# fdisk –l
Disk /dev/sdb: 15.8 GB, 15879634944 bytes
13 heads, 13 sectors/track, 183520 cylinders
Units = cylinders of 169 * 512 = 86528 bytes


   Device   Boot     Start        End     Blocks    Id  System
/dev/sdb1             48      183521   15503424     c  Win95 FAT32 (LBA)
```

从上面的显示可以看出，挂载在系统中的 USB 存储设备（/dev/sdb）为 16GB（系统显示为 15.8 GB）。该设备有 13 个磁头（heads）、183520 个柱面（cylinders）、每个磁道（track）有 13 个扇区（sectors）。下面的一行中 Device 表示分区名、Boot 表示是否是启动分区，"*" 表示是；Start 表示起始柱面；End 表示终止柱面；Blocks 表示分区的大小（每块是 1024 字节）；Id 表示分区类型的代码；System 表示分区上文件系统的类型。另外，也可以使用 dmesg 命令来查看系统中 USB 设备的情况。

如果 U 盘是作为第二个 SCSI 设备，那么在通过命令行方式挂载 U 盘的时候，是使用/dev/sdb，还是/dev/sdb1 呢？

U 盘最初容量很小，很多厂商在使用时，就直接使用存储，不含有分区表信息。而随着 U 盘容量的不断扩大，也就引入了类似硬盘分区的概念，U 盘通常就被分成一个分区，类似于把硬盘整个分区分成一个主分区。

因此，在通过命令行方式挂载 U 盘的时候有最可能使用的是/dev/sdb1，如果不能挂载的话，建议再尝试使用/dev/sdb。

在不使用 U 盘设备的时候，要先使用 umount 命令卸载，然后再拔出 U 盘，这样的操作顺序才是安全的。在卸载之前需要将当前工作目录切换到除 U 盘挂载点之外的其他目录，并且确信没有其他程序使用 U 盘里面的文件，否则会卸载失败。

需要注意的是，目前的 Red Hat Linux 在默认情况下，只能够读取 Windows 平台下的 FAT 和 FAT32 分区格式，而不支持 NTFS 分区格式。因此，如果 U 盘被格式化为 NTFS，也不能够挂载成功。

【任务实施】

U 盘的挂载和使用

```
[root@localhost root]# fdisk –l     //查看 U 盘在 Linux 中的设备节点名
[root@localhost root]# mkdir /mnt/usb     //建立挂载点
[root@localhost root]# mount –t vfat –o iocharset=gb2312 /dev/sdb1 /mnt/usb     //挂载 U 盘
[root@localhost root]# ls /mnt/usb       //浏览 U 盘内容
[root@localhost root]# umount /mnt/usb     //或 umount /dev/sdb1 卸载 U 盘
```

【任务检测】

1．是否添加了 10G 的虚拟硬盘。
2．是否进行了正确的分区。
3．是否进行了正确的文件系统的建立。
4．是否进行了正确的挂载。
5．是否会使用配置文件/etc/fstab 实现文件系统的自动挂载。

【任务拓展】

在自己的电脑中划出 20G 的可用空间，下载 Ubuntu 或 openSUSE 的最新版本，在自己的电脑中尝试安装双系统。

思考与习题

一、填空题

1．Linux 使用＿＿＿＿来访问所有的硬件设备，包括磁盘以及磁盘上的分区。这些设备文件存储在＿＿＿＿目录下。

2．Linux 系统下也可以使用光盘和软盘，光盘对应的设备文件是＿＿＿＿，软盘对应的设备文件是＿＿＿＿。

3．swap 文件系统在 Linux 中作为交换分区使用，交换分区用于实现＿＿＿＿，类似 Windows 下的页面文件。

4．在命令行界面下，可用命令＿＿＿＿来查看磁盘分区以及磁盘空间的使用情况。

5．挂载和卸载文件系统的命令分别是＿＿＿＿和＿＿＿＿。

二、判断题

1．如果分区的类型是 FAT32，则在 Linux 系统下无法打开分区上的文件。（　　）

2．Red Hat Linux 中提供了 fdisk 和 parted 两个命令对硬盘进行分区。相对来说，后者简单易用，适合初学者使用。（　　）

3．在 Linux 系统中，使用命令 cp 可以直接制作光盘的 ISO 镜像文件。（　　）

4．对磁盘进行格式化就是进行分区。（　　）

5．使用命令 e2fsck 修复已经挂载的文件系统是不安全的。（　　）

三、选择题

1．下面的选项可以让命令 e2fsck 自动修复文件系统中的错误的是（　　）。
　　A．-n　　　　　　　　B．-c　　　　　　　　C．-p　　　　　　　　D．-r

2．下面命令中的可以对硬盘进行格式化的是（　　）。
　　A．fdisk　　　　　　　B．parted　　　　　　C．format　　　　　　D．mke2fs

3．以下挂载光盘的方法中，不正确的是（　　）。
　　A．mount /mnt/cdrom　　　　　　　　　B．mount /dev/cdrom /mnt/cdrom
　　C．mount /dev/cdrom　　　　　　　　　D．umount /mnt/cdrom /dev/cdrom

4．为了统计文件系统中未用的磁盘空间，我们可以使用（　　）命令。
　　A．du　　　　　　　　B．df　　　　　　　　C．mount　　　　　　D．ln

5．在 Linux 系统中，硬件设备对应的设备文件大部分是安装在（　　）目录下的。
　　A．/mnt　　　　　　　B．/dev　　　　　　　C．/proc　　　　　　D．/swap

6．使用 fdisk 分区工具的 p 选项观察分区表情况时，为标记可引导分区，使用（　　）标志。
　　A．a　　　　　　　　B．*　　　　　　　　C．@　　　　　　　　D．+

四、综合题

1．某一主机系统硬盘空间不够了，如何在新增的硬盘上建立分区，并在系统中挂载使用？

2．写出在命令行方式下，挂载和浏览 U 盘中的文件的命令。

3．简述外部存储设备的命名规则。

4．简述 swap 文件系统的作用。

5．简述主分区、扩展分区和逻辑分区的区别与联系。

项目八
软件包管理

项目目标

- 能使用软件包管理器添加、卸载系统软件
- 能使用 rpm 命令添加、查看、更新和卸载应用软件
- 能安装 tar 源码包软件

任务 应用软件安装

【任务描述】

为了避免组员打游戏，需要卸载 Linux 自带的游戏程序。

为了从事嵌入式应用开发，需要在 Linux 中安装 GCC、GDB 等系统工具。

大部分组员使用王码五笔输入法，需要在 Linux 中安装小企鹅输入法。

学会安装源代码应用程序。

【任务分析】

系统管理员可以使用 Linux 的软件包管理器来进行系统应用程序的卸载与安装。

可以下载小企鹅输入法的 rpm 包来进行五笔输入法安装。

可以使用 tar、make 等命令安装源代码应用程序。

【预备知识】

1. 图形化的 RPM 软件包管理工具

（1）RPM 软件包概述

RPM 是 Red Hat Package Manager 的缩写，意思是 Red Hat 软件包管理。RPM 是一个开放的软

件包管理系统，它在 Fedora、SuSE 等主流 Linux 发行版本以及 UNIX 中被广泛采用。

　　RPM 包是已经预先编译过的可直接安装文件。对于用户而言，只要系统支持 rpm 命令，即可直接进行安装。RPM 软件的安装、删除、更新只有具有 root 权限的用户才能进行；对于查询功能任何用户都可以操作；如果普通用户拥有安装目录的权限，也可以进行安装。

　　RPM 包里面都包含可执行的二进制程序，这个程序和 Windows 的软件包中的.exe 文件类似；RPM 包中还包括程序运行时所需要的文件，有时除了自身所带的文件外，还依赖于其他文件。

　　RPM 包的名称有其特有的格式，典型的 RPM 软件名称类似于：mplayer-1.0-1.i386.rpm，该名称中包括软件名称"mplayer"，版本号"1.0-1"，其中包括主版本号、修正版本号和发行号，"i386"是软件所运行的硬件平台，最后的"rpm"作为文件的扩展名，代表文件的类型为软件 RPM 包。

　　（2）软件包的安装/删除

　　在图形界面中，Linux 提供了一个图形化的 RPM 软件包管理工具，可以依次单击"主菜单"→"系统设置"→"添加/删除应用程序"启动该程序。

　　软件包管理工具启动后弹出如图 8-1 所示的对话框，显示当前系统已经安装的自带软件包的情况。利用这一工具可以添加或删除安装光盘中提供的 RPM 软件包。

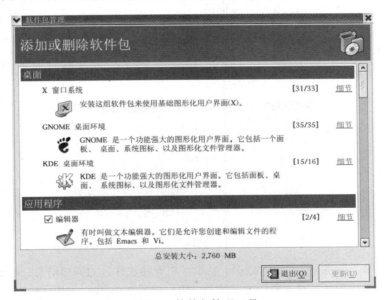

图 8-1　软件包管理工具

　　软件包管理工具会将软件包分类，所有的 RPM 软件包按照功能分为：桌面、应用程序、服务器、开发和系统 5 个分类。每个分类中又进一步划分为多个软件包组，每个软件包组包括了多个软件包。

　　有些软件包组，如 X-Window，还把软件包分为：标准软件包和额外软件包。标准软件包是选择这一软件包组后必须安装的软件包，不可删除，而额外软件包可增加或删除。比如，拖动右侧滚动条至"网络服务器"软件包组，其所在行出现"[7/14] 细节"字样。[7/14]表示该软件包组中共有 14 个软件包，当前已经安装了 7 个。单击"细节"可增加或删除软件包，如图 8-2 所示。

　　前面有☑标志的软件包当前已经安装过，☐标志则表示该软件尚未在系统中安装。选中要安装的软件包前面的复选框，去掉要卸载的软件包前面的复选框，配置选择完毕后，单击"关闭"按钮，回到前一个界面。单击"更新"按钮，出现图 8-3 所示对话框，说明即将安装的软件包个数以及将占用的磁盘空间情况。

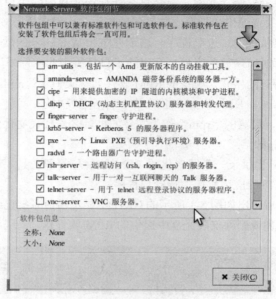

图 8-2　选择软件包

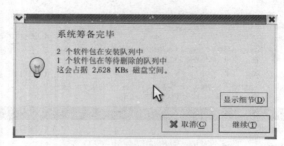

图 8-3　即将执行的安装和删除

单击"显示细节"按钮，将弹出对话框，显示即将安装软件包的详细信息。单击"继续"按钮，系统将进行更新，并出现如图 8-4 所示提示信息。用户根据要求插入相应的光盘，直到所有软件包都安装完成。在此过程中用户可能会被要求多次调换光盘，同一张光盘也可能会在不同的时候要求多次插入。

图 8-4　提示插入光盘

更新完毕后会弹出对话框，单击"确定"按钮回到如图 8-1 所示对话框。单击"退出"按钮则关闭"软件包管理"对话框。

图形化的软件包管理工具可以非常方便地安装 Red Hat Linux 提供的多种应用程序，但是如果想要安装其他的软件包，就需要其他软件包安装方式。

2. 命令行界面下的 RPM 软件包管理

（1）查询 RPM 软件包

查询 RPM 软件包使用-q 选项，要进一步查询软件包中其他方面的信息，可进一步结合使用其他相关选项。

1）查询已安装的全部软件包

若要查看系统中已安装了哪些 RPM 软件包，可使用"rpm-qa"命令来实现，其中选项 a 代表全部（all）。一般系统安装的软件包较多，可结合管道操作符和 less 或 more 命令来实现分屏浏览。如果要查询包含有某关键字的软件包是否已经安装，可结合管道操作符和 grep 命令来实现。

```
[root@localhost root]# rpm -qa   | more
bzip2-libs-1.0.2-8
glib-1.2.10-10
losetup-2.11y-9
shadow-utils-4.0.3-6
MAKEDEV-3.3.2-5
hotplug-2002_04_01-17
findutils-4.1.7-9
modutils-2.4.22-8
--More--
[root@localhost root]# rpm   -qa   | grep   vsftp
vsftpd-1.1.3-8
```

2）查询指定的软件包

命令用法："rpm -q 软件包名称列表"，可同时查询多个软件包，各软件包名称之间用空格分隔，若指定的软件包已安装，将显示该软件包的完整名称（包含版本号信息），若没有安装，则会提示该软件包没有安装。

```
[root@localhost root]# rpm   -q   vsftpd
vsftpd-1.1.3-8
```

3）查询软件包的描述信息

命令用法："rpm -qi 软件包名称"，命令中的 i 选项是 information 的缩写。

```
[root@localhost root]# rpm   -qi   vsftpd
Name         : vsftpd                    Relocations: (not relocateable)
Version      : 1.1.3                     Vendor: Red Hat, Inc.
Release      : 8            Build Date: 2003 年 03 月 01 日 星期六 03 时 21 分 36 秒
Install Date: 2012 年 05 月 12 日 星期六 15 时 01 分 04 秒      Build Host: daffy.perf.redhat.com
Group        : 系统环境/守护进程          Source RPM: vsftpd-1.1.3-8.src.rpm
Size         : 149635                    License: GPL
Signature    : DSA/SHA1, 2003 年 03 月 14 日 星期五 05 时 50 分 02 秒, Key ID 219180cddb42a60e
Packager     : Red Hat, Inc. <http://bugzilla.redhat.com/bugzilla>
Summary      : vsftpd - 非常安全 Ftp 守护进程
Description :vsftpd 是一个非常安全的 FTP 守护进程。它是完全从零开始编写的
```

4）查询软件包中的文件列表

命令用法："rpm -ql 软件包名称"。命令中的选项 l 是 list 的缩写，可用于查询显示已安装软件包中所包含文件的文件名以及安装位置。

```
[root@localhost root]# rpm   -ql   vsftpd
```

```
/etc/logrotate.d/vsftpd.log
/etc/pam.d/vsftpd
/etc/rc.d/init.d/vsftpd
/etc/vsftpd
/etc/vsftpd.ftpusers
/etc/vsftpd.user_list
/etc/vsftpd/vsftpd.conf
/usr/sbin/vsftpd
/usr/share/doc/vsftpd-1.1.3
/usr/share/doc/vsftpd-1.1.3/AUDIT
/usr/share/doc/vsftpd-1.1.3/BUGS
/usr/share/doc/vsftpd-1.1.3/Changelog
/usr/share/doc/vsftpd-1.1.3/FAQ
/usr/share/doc/vsftpd-1.1.3/INSTALL
/usr/share/doc/vsftpd-1.1.3/LICENSE
/usr/share/doc/vsftpd-1.1.3/README
/usr/share/doc/vsftpd-1.1.3/README.security
/usr/share/doc/vsftpd-1.1.3/REWARD
/usr/share/doc/vsftpd-1.1.3/SECURITY
/usr/share/doc/vsftpd-1.1.3/SECURITY/DESIGN
/usr/share/doc/vsftpd-1.1.3/SECURITY/IMPLEMENTATION
/usr/share/doc/vsftpd-1.1.3/SECURITY/OVERVIEW
/usr/share/doc/vsftpd-1.1.3/SECURITY/TRUST
/usr/share/doc/vsftpd-1.1.3/SIZE
/usr/share/doc/vsftpd-1.1.3/SPEED
/usr/share/doc/vsftpd-1.1.3/TODO
/usr/share/doc/vsftpd-1.1.3/TUNING
/usr/share/doc/vsftpd-1.1.3/vsftpd.xinetd
/usr/share/man/man5/vsftpd.conf.5.gz
/usr/share/man/man8/vsftpd.8.gz
/var/ftp
/var/ftp/pub
```

5）查询某文件所属的软件包

命令用法："rpm -qf 文件或目录的全路径名"，利用该命令可以查询显示某个文件或目录是通过安装哪一个软件包产生的，但要注意并不是系统中的每一个文件都一定属于某个软件包，比如用户自己创建的文件，就不属于任何一个软件包。

```
[root@localhost root]# rpm    -qf    /var/www
httpd-2.0.40-21
```

（2）安装/删除 RPM 软件包

1）安装/升级 RPM 软件包

安装 RPM 软件包使用的命令格式："rpm -i RPM 包的全路径文件名"。如果想安装 RPM 包并显示安装进度信息可使用如下命令格式："rpm -ivh RPM 包的全路径文件名"，其中 i 代表安装，v 代表 verbose，设置在安装过程中显示详细的信息，h 代表 hash，设置在安装过程中显示"#"来表示安装的进度。升级 RPM 包的命令格式是："rpm -Uvh RPM 包的全路径文件名"，若指定的 RPM 包未安装，则系统直接进行安装。

```
[root@localhost root]# rpm   -ivh   samba-common-2.2.7a-7.9.0.i386.rpm
warning: samba-common-2.2.7a-7.9.0.i386.rpm: V3 DSA signature:
NOKEY, key ID db42a60e
Preparing...                ########################################### [100%]
   1:samba-common          ########################################### [100%]
```

2）删除 RPM 软件包

命令格式："rpm -e RPM 包名称"，用于从当前系统中删除已安装的软件包，需要在命令中指定要删除的软件包的名称而不是安装命令中的软件包安装文件名。

```
[root@localhost root]# rpm   -q   telnet-server
telnet-server-0.17-25
[root@localhost root]# rpm   -e   telnet-server
[root@localhost root]# rpm   -q   vsftpd   telnet-server
package telnet-server is not installed
```

（3）校验 RPM 软件包

校验软件包是通过比较从软件包中安装的文件和软件包中原始文件的信息来进行的，主要是比较文件的大小、MD5 校验码、文件权限、类型、属主和用户组等。若验证通过，将不会产生任何输出，若验证未通过，将显示相关信息，此时应考虑删除或重新安装。

1）校验已经安装的软件包

验证软件包使用-V 参数，要校验指定的已经安装的软件包使用"rpm –Va   RPM 包名称"，要验证所有已安装的软件包，使用命令"rpm -Va"。

```
[root@localhost root]# rpm -V    vsftpd
[root@localhost root]# rpm -Va
S.5....T c /etc/printcap
S.5....T c /etc/hotplug/usb.usermap
S.5....T c /etc/sysconfig/pcmcia
.......T c /etc/libuser.conf
.......T c /etc/mail/sendmail.cf
S.5....T c /etc/mail/statistics
SM5....T c /etc/mail/submit.cf
S.5....T c /usr/share/a2ps/afm/fonts.map
....L...   /usr/lib/libglide3.so.3
S.5....T c /etc/xml/catalog
S.5....T c /usr/share/sgml/docbook/xmlcatalog
S.5....T c /etc/xinetd.d/imap
S.5....T c /etc/xinetd.d/imaps
S.5....T c /etc/xinetd.d/ipop2
S.5....T c /etc/xinetd.d/ipop3
S.5....T c /etc/xinetd.d/pop3s
missing    /usr/lib/libpq.so.2.0
```

2）校验未安装的软件包

若要根据 RPM 文件来校验未安装的软件包，则命令用法为"rpm -Vp RPM 包的全路径文件名"。

```
[root@localhost root]# rpm -Vp /home/vnc/vnc-server-3.3.3r2-47.i386.rpm
warning: /home/vnc/vnc-server-3.3.3r2-47.i386.rpm: V3 DSA signature: NOKEY, key ID db42a60e
Unsatisfied dependencies for vnc-server-3.3.3r2-47: config(vnc-server) = 3.3.3r2-47
missing   c /etc/rc.d/init.d/vncserver
```

```
missing    c /etc/sysconfig/vncservers
missing    /usr/bin/Xvnc
missing    /usr/bin/vncconnect
missing    /usr/bin/vncpasswd
… …
missing    /usr/share/vnc/classes/vncviewer.jar
missing    /usr/share/vnc/classes/zlib.vnc
```

3. Linux 的 tar 源码包管理

（1）tar 源码包概述

不是所有的软件包都能通过 rpm 命令来安装，文件以.rpm 后缀结尾的才行。tar 源码包也是在 Linux 环境下经常使用的一种以源码方式发布的软件安装包。这类软件包为了能够在多种操作系统中使用，通常需要在安装时进行本地编译，然后产生可用的二进制文件。

一般的 tar 源码包，都会再做一次压缩，为的是更小、更容易下载，常见的是用 gzip 或 bzip2 压缩，因此 tar 源码包都是以 ".tar.gz" 或 ".tar.bz2" 作为扩展名。

tar 源码包的命名格式一般遵循 "软件名称-版本以及修正版本号.类型"。例如文件名 bind-9.3.2-P2.tar.gz 中，软件名称是 bind，版本号是 9.3.2，修正版本是 P2，类型是 tar.gz，说明是一个使用 gzip 压缩的 tar 包。

（2）tar 源码包的安装

通常情况下，tar 源码包的安装要经过以下的 7 个步骤，下面是这些步骤的详细说明。

1）获得软件

tar 源码包最主要的获得途径就是从网络上下载。选择 tar 源码包，需要针对用户的系统版本和所在的硬件平台。只有选择与用户的系统版本和硬件平台相对应的软件版本，才可以正常运行该软件。

2）释放软件包

对于后缀是 tar.gz 的源码包，使用命令 "tar -zxvf 软件名称.tar.gz"；对于后缀是 tar.bz2 的源码包，则使用命令 "tar -jxvf 软件名称.tar.bz2"，如果要将源码包释放到指定的位置，可以增加使用选项 "-C 路径名"。

3）查看安装说明文件

通常在 tar 源码包中会包含名为 INSTALL 和 README 的文件，提示用户安装及编译过程中应该注意的问题。

4）执行./configure

该步骤通常是用来设置编译器，以及确定其他相关的系统参数，为编译程序的源代码做好准备。

5）执行 make

经过./configure 步骤后，将会产生用于编译的 makefile，这时运行 make 命令，真正开始编译，根据软件的规模及计算机性能的不同，编译所需的时间也不相同。

6）执行 make install

该步骤将会把编译产生的可执行文件复制到正确的位置，通常产生的可执行文件会被安装到 /user/local/bin 目录下。安装后的命令如何执行，一般在 INSTALL 和 README 文件中会有说明。

7）执行 make clean

在编译、安装结束后，通常也需要运行 "make clean" 命令，清除编译过程中产生的临时文件。

通过上述几个步骤，用户可以将获得的源码软件包安装到系统中。安装 tar 源码软件包，用户可以自己编译安装源程序，配置灵活，但对于比较复杂的软件，运行 configure 命令前还需要设置很多系统变量，configure 命令本身也会要求提供复杂的参数。

下面的例子是安装 mplayer20070814.tar.bz2 源码包的过程，假如该软件包已经下载到本地/root 目录。在执行 "./configure" 的时候可以使用 "--prefix=/usr/local/mplayer" 指定软件包的安装路径，使用 "--enable-gui" 指定安装图形化用户界面，使用 "--language=zh_CN" 指定使用中文界面。

```
[root@localhost root]# tar   -xvjf  /root/mplayer20070814.tar.bz2   //解开 tar.bz2 源码包
[root@localhost root]# cd   /root/mplayer20070814           //切换到解压释放出的新目录
[root@localhost mplayer20070814]# ./configure   --enable-gui --language=zh_CN
                                                 //应用程序安装环境的配置
[root@localhost mplayer20070814]# make           //编译
[root@localhost mplayer20070814] # make install  //安装，如果要卸载执行 make uninstall
[root@localhost mplayer20070814] # make   clean  //清理生成的临时文件
```

【任务实施】

打开 VMware 虚拟机，启动 Linux，新建终端：

1．使用 rpm 命令
```
[root@local host root] #  redhat-config-packages
[root@local host root] #  which rpm
[root@local host root] #  rpm -help
[root@local host root] #  rpm -qa
[root@local host root] #  rpm -qa |more
[root@local host root] #  rpm -qa |grep vsftp
[root@local host root] #  rpm -q vsftpd telnet-server
[root@local host root] #  rpm -qi vsftpd
[root@local host root] #  rpm -ql vsftpd
[root@local host root] #  rpm -qf /var/www
[root@local host root] #  rpm -V vsftpd
```

2．安装小企鹅中文输入法
```
[root@local host root] #  rpm -ivh fcitx-3.0.0-1.i386.rpm
[root@local host root] #  cd /usr/bin
[root@local host root] #  ln -sf fcitx chinput
[root@local host root] #  reboot
//使用小企鹅中文输入法
```

3．安装 TAR 源码包
```
//设置共享，把 openssh-2.1.1p4.tar.gz 放置到共享目录
  [root@localhost root]# cp /mnt/hgfs/temp/openssh-2.1.1p4.tar.gz   /home
[root@localhost home]# cd /home
[root@localhost home]# tar xzvf   openssh-2.1.1p4.tar.gz
[root@localhost home]# cd openssh-2.1.1p4
[root@localhost openssh-2.1.1p4] # ls
[root@localhost openssh-2.1.1p4] # ./configure
[root@localhost openssh-2.1.1p4] # make
[root@localhost openssh-2.1.1p4] # make install
[root@localhost openssh-2.1.1p4] # make clean
[root@localhost openssh-2.1.1p4] #cd
[root@localhost root] # useradd marry
[root@localhost root] # passwd marry //密码设置
```

```
[root@localhost root] # su marry
[marry @localhost root] # ssh 127.0.0.1
输入 marry 的登录密码，登录成功
[marry @localhost marry] $ exit
connection to 127.0.0.1 closed
```

【任务检测】

1．是否掌握了 rpm 命令。

2．是否正确安装了小企鹅中文输入法。

3．是否正确安装了 ssh 的客户端软件。

【任务拓展】

1．在 Ubuntu 或 openSUSE 中学习软件包管理器的应用，以及命令行下应用程序的安装方法。安装 QQ、王码五笔输入法等软件。

2．查找制作 makefile 文件的资料。

思考与习题

一、填空题

1．若要查看系统中已安装了哪些 RPM 软件包，可使用_____命令来实现，其中选项 a 代表全部（all）。一般系统安装的软件包较多，可结合_____操作符和_____命令来实现分屏浏览。

2．通常在 tar 源码包中会包含名为_____和_____的文件，提示用户安装及编译过程中应该注意的问题。

3．在编译、安装结束后，通常也需要运行_____命令，清除编译过程中产生的临时文件。

4．在目录/tmp 下有一个 rpm 格式的软件 zhcon-0.2.3-1.i386.rpm，请写出能将其安装到系统的完整命令_____。

二、判断题

1．不是所有的 Linux 软件包都能通过 rpm 命令来安装。（　　）

2．验证软件包是通过比较从软件包中安装的文件和软件包中原始文件的信息来进行的，主要是比较文件的大小、MD5 校验码、文件权限、类型、属主和用户组等信息。（　　）

3．要查看 httpd 软件包的描述信息，可以使用命令 rpm -i httpd 来实现。（　　）

4．Linux 系统中.tar 格式的软件包是已经被压缩过的。（　　）

三、选择题

1．在 Red Hat Linux 中，使用 rpm 包安装一个软件的正确命令是（　　）。

    A．rpm -e 软件包　　　　　　　　　　　B．rpm -v 软件包

    C．rpm -i 软件包　　　　　　　　　　　D．rpm -U 软件包

2．在 Red Hat Linux 中，使用 rpm 包升级一个软件的正确命令是（　　）。

A．rpm -e 软件包　　　　　　　　　B．rpm -v 软件包

C．rpm -i 软件包　　　　　　　　　D．rpm -U 软件包

3．在 Red Hat Linux 中，使用 rpm 包卸载一个软件的正确命令是（　　）。

A．rpm –e 软件包　　　　　　　　　B．rpm -v 软件包

C．rpm -i 软件包　　　　　　　　　D．rpm -U 软件包

四、综合题

1．如何查询当前系统中已经安装的，包含有 ftp 关键字的所有软件包？

2．简述 Linux 系统中.tar.gz 源码包的安装过程？

项目九
进程管理和任务调度

项目目标

- 了解进程与程序
- 会查看进程
- 会设置进程的优先级
- 能够终止进程
- 能够控制作业
- 能够实现进程调度管理

任务 1　进程管理

【任务描述】

1. 作为系统管理员，你需要了解当前系统进程的详细信息。
2. 动态监视系统性能（信息排序、监视特定的用户、中止指定的进程、指定状态更新时间）。
3. 后台启动进程。
4. 后台进程带到前台执行。
5. 使用 nice 命令设置进程优先级。
6. 后台启动某进程，挂起，然后使用 kill 命令终止这个进程。
7. 查看系统日志文件。

【任务分析】

系统管理员可以使用 ps -aux 命令查看当前系统进程的详细信息，使用 nice 命令设置进程的优先级，使用 top 命令动态监视系统性能，使用 kill 命令终止后台进程 updatedb&。

【预备知识】

1. 什么是进程

（1）进程的概念

进程是指动态使用系统资源，处于活动状态的应用程序。进程管理是 Linux 文件系统、存储管理、设备管理和驱动程序的基础。

Linux 是一个多用户多任务的操作系统，允许多个用户同时登录系统，可以同时执行多个任务，Linux 采用分时方法使所有的任务共同分享系统资源。Linux 操作系统启动后，系统就开始运行不同的进程来完成相应的操作。在系统运行时，CPU 的控制权将在所有这些进程之间跳转，因为 CPU 运行速度快，所以终端用户感觉是多个进程在并行执行。

进程之间存在父子关系。Init 进程是系统启动后执行的第一个进程，是所有进程的父进程。要创建新进程，系统将调用 fork() 函数生成子进程，从而形成 Linux 系统中运行的所有其他进程。

为了标识一个进程，Linux 使用 PCB（Process Control Block，进程控制块），来有效管理进程。一个进程的主要参数有：

1）PID，进程号，唯一标识某一个进程。

2）PPID，父进程号。

3）USER，启动进程的用户 ID（UID）和所归属的组（GID）。

4）进程的当前状态，一个进程可能处于运行状态、等待状态（可以被中断）、等待状态（不可以被中断）、停止状态、睡眠状态和僵死状态。一个进程从创建到死亡，根据其所获得系统资源情况，在这几个状态之间转换。

5）优先级 priority，进程执行的优先级。

6）进程占用资源大小（内存、CPU 占用量）。

进程与程序是有区别的：

程序是静态概念，本身可以作为一种软件资源长期保存；进程是程序的执行过程，是动态概念，有一定的生命期，是动态地产生和消亡的，如果进程执行结束，就不再存在于系统。

进程是一个能独立运行的单位，能与其他进程并发执行，进程作为资源申请调度单位存在，而通常的程序段不能作为一个独立运行的单位。

程序和进程无一一对应关系。一个程序可以由多个进程共用；一个进程在活动中也可以有顺序地执行若干个程序。进程不能脱离具体程序，程序规定了相应进程所要完成的动作。

（2）进程的分类

根据进程的运行方式，将其分为交互进程、批处理进程和守护进程。

交互进程：由 shell 启动的进程，交互进程可以在前台运行，也可以在后台运行。

批处理进程：不与特定的终端联系，提交到等待队列中顺序执行。

守护进程：运行在后台的系统进程，Linux 的绝大多数网络服务都是采用守护进程来等待用户请求的。例如，Web 浏览服务由 httpd 提供，电子邮件服务由 smtpd 提供。守护进程可以使用文本界面工具 ntsysv 管理，也可以用命令行工具 chkconfig 设置相应服务的运行级别及启动方式。

（3）进程的启动

启动进程有两种主要方式：手工启动和调度启动。

1）手工启动

用户运行一个程序或执行一个命令时就启动了前台进程。当用户在 shell 提示符下输入命令并执行时，命令是在前台执行，在命令结束之前，当前控制台用于显示命令的执行过程以及结果，不能输入其他命令。

如果用户还想在该命令执行的过程中继续使用同一控制台工作，可以采用后台启动的方法，在输入命令行后加上 "&"，然后按回车键，就启动了后台进程。

手工启动进程可以在前台进行，也可以在后台进行。手工启动是一个交互式的启动方式。

2）调度启动

调度启动主要用于系统的维护，调度启动是事先进行调度安排，指定任务运行的时间和任务，到时系统自动完成工作。

2. 使用命令查看进程

（1）使用 ps 命令

使用 ps 命令可以确定有哪些进程正在运行、运行的状态、进程是否结束、哪些进程占用了过多的资源等。该命令的格式是："ps [选项]"。

在使用 ps 命令时，主要的选项及作用如表 9-1 所示，可能输出字段及它们的含义如表 9-2 所示。

表 9-1　ps 命令的主要选项及作用

选项	作用
-a	显示系统中与 tty 相关的所有用户的进程
-e	显示所有的进程信息
-u	以用户格式显示进程信息，给出用户名和起始时间
-f	显示进程和子进程的树型家族
-l	以长列表方式显示进程信息，给出用户名和起始时间
-r	只显示正在运行的进程
-x	显示没有控制终端的进程（一般为后台进程）
-t	只显示和某个终端相关的进程

表 9-2　ps 命令输出的常用字段含义

字段	字段的描述
USER	进程所有者的用户名
PID	进程号
%CPU	进程自最近一次刷新以来所占用的 CPU 时间和总时间的比值
%MEM	进程使用内存的百分比
VSZ	进程使用的虚拟内存大小，以 K 为单位
TTY	进程相关的终端
STAT	进程状态，用下面的代码中的一个给出。R：正在运行的；S：处于睡眠状态；T：被创建者的信号暂停的；Z：进程已运行完毕，只等它的创建者取走结果后即可消亡；W：进程处于等待状态；I：进程处于创建状态
TIME	进程使用的总 CPU 时间
STIME	进程的启动时间

字段	字段的描述
COMMAND	被执行的命令行
NI	由 nice 设置的，用来计算优先级的值，较小的数字意味着占用较少的 CPU 时间
PRI	进程优先级，值越大表示优先级越低，获得 CPU 的机会越小
PPID	父进程 ID
WCHAN	进程等待的事件，如果为空则表示该进程正在运行
SZ	进程在内存中的大小，以十六进制表示
C	一个由进程调度程序在调度进程时使用的数字

```
[root@localhost    root]# tty                    //显示执行命令的当前控制台编号
/dev/pts/0
[root@localhost    root]# ps                     //不带任何选项时显示当前控制台的进程
 PID    TTY      TIME      CMD
3012    pts/0    00:00:00    bash
7002    pts/0    00:00:00    ps
[root@localhost    root]# ps   -l
F  S UID  PID    PPID  C  PRI  NI  ADDR   SZ  WCHAN    TTY      TIME        CMD
0  S  0   3012   3010  0  75   0    -    1395  wait4   pts/0   00:00:00    bash
0  R  0   7010   3012  0  75   0    -     779    -     pts/0   00:00:00    ps
```

（2）使用 top 命令

top 命令可以持续不断地更新显示内容，为系统管理员提供了实时监控系统进程的功能。在使用 top 命令时，开头输出几行信息的含义是：

①uptime：显示了当前时间，自从上次启动系统开始过去的时间，激活的用户数目以及在过去的 1、5 和 15 分钟之内的 CPU 的平均占用。也可以用"uptime"或者"w"两个命令来实现这个功能。

②processes：显示了系统所有的进程，并把进程按挂起、运行、创建和停止来分类。

③CPU states：统计了被用户和系统占用的当前计算机的状态。用户、系统和闲置的计算机所占用的总数会超过 100%。

④Mem：统计当前内存的占用状态。在这些列中显示了可得到的所有内存和它当前的占用情况。

⑤Swap：统计了 swap 区域的占用情况。

top 命令的使用方法：

1）查询可用的说明

在进入 top 窗口后，如果需要查阅可用的热键（Hot Key）或说明，可以直接按？或 H 键，系统会弹出图 9-1 所示的界面。这里列出了 top 可以使用的命令，退出该界面，可以按任意键。退出 top 程序，可以使用组合键 Ctrl+C，也可以按 Q 键。

2）信息排序

top 命令默认以进程使用的 CPU 时间更新内容，也可以用内存使用率或执行时间来进行排序，常用操作及其说明如表 9-3 所示。

```
Top (procps version 2.0.11)
Secure mode off; cumulative mode off; noidle mode off; show threads off

Interactive commands are:

h or ?  Help                 Space   Update display
q       Quit                 ^L      Redraw the screen
oO      Change order of displayed fields
fF      Add and remove fields
W       Write configuration file ~/.toprc
n or #  Set the number of processes to show
u       Show only a specific user
k       Kill a task (with any signal)
r       Renice a task
s       Set the delay in seconds between updates
Toggle:
    C:collapsed SMP CPU info     H:threads                 l:load average
    S:cumulative mode            i:idle processes          m:memory info
    I:Irix/Solaris view (SMP)    c:command line            t:summary info
Sort by:
    A:age                   M:resident memory usage
    N:pid                   T:time (or cumulative time)
    P:CPU usage

Press any key to continue_
```

图 9-1　top 的说明

表 9-3　top 的操作及说明

操作	说明
按 P 键	依据 CPU 使用时间的多少来对进程排序
按 M 键	依据内存使用量的多少来对进程排序
按 T 键	依据执行时间的多少来对进程排序
按 N 键	依据进程号的大小来对进程排序

3）监视特定的用户

执行 top 命令后，系统会监视所有用户的进程，如果想监视某个特定用户的信息，只需要按 U 键，然后再根据系统提示输入用户名即可，系统即会筛选出与指定用户有关的进程信息，如图 9-2 所示。

```
 22:33:22  up 16:40,  6 users,  load average: 0.06, 0.14, 0.09
69 processes: 66 sleeping, 1 running, 0 zombie, 2 stopped
CPU states:   0.0% user   0.0% system   0.0% nice   0.0% iowait 100.0% idle

  PID USER     PRI  NI  SIZE  RSS SHARE STAT %CPU %MEM   TIME CPU COMMAND
 5886 wangxi    15   0  1388 1388  1096 S     0.0  0.4   0:00   0 bash
 5919 wangxi    17   0   944  944   800 T     0.0  0.2   0:00   0 ex
 5920 wangxi    15   0   944  944   800 T     0.0  0.2   0:00   0 ex
 5922 wangxi    16   0  2668 2668  1840 S     0.0  0.7   0:00   0 vim
 5988 wangxi    17   0  1384 1384  1092 S     0.0  0.4   0:00   0 bash
 6020 wangxi    15   0  1596 1596  1304 S     0.0  0.4   0:00   0 ssh
 6023 wangxi    15   0  1960 1912  1580 S     0.0  0.5   0:00   0 sshd
 6024 wangxi    22   0  1384 1384  1092 S     0.0  0.4   0:00   0 bash
 6056 wangxi    15   0  1196 1196   960 S     0.0  0.3   0:00   0 ftp
```

图 9-2　监视指定的用户

4）中止指定的进程

当系统变的很慢时，通常可以将占用了太多系统资源的进程终止。中止指定的进程需要以下步骤：在 top 信息画面中按 K 键，画面会出现“PID to kill :”的提示信息，输入要终止进程的 PID 后，按 Enter 键，接着会出现"Kill PID xxx with signal [15]："的提示信息，此时需输入 signal 号码，若是直接按 Enter 键，则以默认的 15 进行处理，若是无法顺利终止，则可以输入 9 强制终止该进程。

5）指定状态更新时间

如果要指定系统状态更新的时间（秒数），可以使用选项"-d"，如将状态更新时间设置为 10 秒，可以执行命令"top -d 10"。

3．nice 设置进程运行优先级

每个进程都有一个相应的优先级用以决定 CPU 对它的调度，优先级越高，则进程更容易拥有 CPU 的控制权。进程优先级为-20～19，-20 为最高优先级。系统进程默认的优先级为 0，如果使用 nice 命令，但没有指定优先级，则进程优先级为 10。

```
Nice [increment] [command][arguments]
```

其中，increment 为进程优先级的值，它的取值范围为-20～19，command 是要执行的命令（进程），arguments 是 command 所带的参量。举例如下：

```
[root@localhost root]# vi& //默认进程优先级为 0
[root@localhost root]# nice vi& //进程优先级为 10
[root@localhost root]# nice  -- 10 vi& //进程优先级为 18，前面的 "-" 为参数标识
[root@localhost root]# nice – -- vi& //18 前面两个短横线，则优先级为-18
[root@localhost root]# nice -50 vi& //进程优先级为 19，并不是 50，因为超过了最低优先级
```

用户还可以使用 renice 重新调整进程执行的优先级。

4．进程的关闭

通常，终止一个前台进程可以按 Ctrl+C 组合键。对于后台进程就要用 kill 命令来终止，其格式为："kill [-s TERM 信号] PID"。

信号有不同的种类，可能用 kill -l 命令列出。

kill 以进程的 PID 作为参数，当用户是这些进程的所有者时才能向进程发送信号。如果试图撤销没有权限撤销的进程或撤销一个不存在的进程，就会得到一个出错信息。kill 信号使进程强行终止，这常会造成如数据丢失或终端无法操作等现象。发送信号时必须小心，只有在万不得已时才用信号 9，因为进程不能首先捕获它。

```
[root@localhost root]# kill –l
[root@localhost root]# kill -9 3023 //杀死 PID 为 3023 的进程
```

如果要停止系统中所有存在的相同名称的多个进程，可以使用 killall 命令。

【任务实施】

1．以 root 账户登录系统，新建终端

2．执行 ps 命令了解当前系统进程的详细信息

```
[root@local host root#] ps
[root@local host root] # ps –u root
[root@local host root] # ps –u root –f
[root@local host root] # ps –e
[root@local host root] # ps –w
[root@local host root] # ps –aw
[root@local host root] # ps –x
[root@local host root] # ps –aux
[root@local host root] # ps -Al
```

3．执行 top 命令监视系统性能

```
[root@local host root] # top
```

4．使用 kill 命令终止后台进程 updatedb&

```
[root@local host root] # kill –l
[root@local host root] # updatedb&
[root@local host root] # ps –aux |grep updatedb
[root@local host root] # kill –KILL    [pid]    //pid 是 updatedb&的进程号
```

任务 2　作业控制

【任务描述】

你正在更新文件数据库，现需要把某个任务挂起，要在整个文件系统中搜索文件大小超过 1MB 的文件，但又不希望控制台被占用。取消更新文件数据库的作业。

【任务分析】

管理员可以把比较耗时的进程放到后台执行，使用 jobs 了解后台进程，使用 bg 把后台挂起的进程放到后台执行，使用 fg 把后台挂起的进程带到前台执行。

【预备知识】

一个正在执行的进程称为一个作业，作业可以包含一个或多个进程。当使用了管道和重定向命令，例如"man ps | grep　kill | more"，这个作业就同时启动了三个进程。

作业控制指的是控制正在运行的进程的行为。比如，用户可以挂起一个进程，等一会儿再继续执行该进程。shell 将记录所有启动的进程情况，在每个进程过程中，用户可以任意地挂起进程或重新启动进程。一般而言，进程与作业控制相关联时，才被称为作业。

根据当前用户的工作情况，可以把运行中的程序放入后台、挂起、继续在后台执行、终止或者放到前台，这就是所谓的任务控制/作业控制。进行任务控制可以使用以下的命令和组合键。

①Ctrl+Z：该组合键把当前控制台上一个运行中的命令放入后台并挂起。

②fg：该命令把一个在后台挂起的命令调回前台恢复执行，常用的命令格式是："fg 后台进程号"。

③bg：该命令把一个在后台挂起的命令在后台恢复执行，其常用的命令格式是："bg 后台进程号"。

④jobs：该命令显示当前控制台上被挂起的命令的清单，常使用不带任何选项的命令格式。

⑤取消作业：kill %作业号码。当知道进程的作业号时，可以在作业号码前加一个百分号（%），取代它的进程 ID。

```
[root@localhost root]# find    /    -name    vsftp
```

另外，还有一些其他方法可以使用户更加方便地启动在后台执行的命令。

- ；：将两个命令隔开，表示在一个命令结束后，立即执行第二个命令。
- &&：表示只有当第一个命令以状态 0（没有发生错误）结束时，才开始执行第二个命令。
- ||：表示当第一个命令以非 0 状态（发生了错误）结束时，才开始执行第二个命令。

例如：命令"ls /etc/passwd && cat /etc/passwd > output &"，表示命令"ls /etc/passwd"在前台执行，如果没有错误发生就会在后台执行"cat /etc/passwd > output"命令。

任务 3　任务调度

【任务描述】

某系统管理员需每天做一定的重复工作，如下所列：

（1）在下午 5:50 删除/tmp 目录下的全部子目录和全部文件。

（2）每小时读取/data 目录下的 test 文件中的数据，并加入到/backup 目录下的 backup01.txt 文件中。

（3）每周星期五下午 5:30 将/backup 目录下的所有目录和文件归档并压缩为文件 backup.tar.gz。

（4）在每天下午 5:00 将 IDE 接口的第二个逻辑分区卸载。

【任务分析】

管理员可以使用 crontab 命令来实施任务调度，完成周期性工作。

【预备知识】

在指定的时间运行指定的程序，可以使用 at 命令。在运行 at 服务之前，要启动这个进程：

[root@localhost root]# /etc/init.d/atd restart

在任何情况下，root 用户均可以执行该命令，对于其他用户是否有权执行该命令，取决于/etc/at.allow 和/etc/at.deny 这两个配置文件。如果/etc/at.allow 文件存在，则只有在该文件列表中的用户才有权执行 at 命令；如果该文件不存在，则检查/etc/at.deny 文件是否存在，在该文件列表中的用户均不能执行 at 命令；若这两个文件均不存在，则只有 root 用户可以执行。Linux 默认一个空的/etc/at.deny 配置文件，即所有用户均可以执行 at 命令。

1. at 命令

命令用法是："at　-f 文件名　[-m]　时间"。

参数说明，"-f 文件名"用于指定计划执行的命令序列存放在哪一个文件中。若缺省该参数，执行 at 命令后，将出现"at>"提示符，此时用户可在该提示符下，输入所要执行的命令，输入完每一行命令后按回车，所有命令序列输入完毕后，使用组合键 Ctrl+D 结束命令的输入。

"-m"的作用是让系统在作业执行完毕后发送邮件给执行 at 命令的用户。

"时间"参数用于指定任务执行的时间，可包含日期信息，其表达方式可采用绝对时间表达法，也可采用相对时间表达法。

（1）绝对时间表达

绝对时间表达分为"hh:mm"和"hh:mm 日期"两种形式。其中时间一般采用 24 小时制，也可采用 12 小时制，然后再加上 am（上午）或 pm（下午）来说明是上午还是下午；日期的格式可表达为"monday"、"mm/dd/yy"和"dd.mm.yy"三种形式，但应注意日期必须放在时间之后。另外还可用 today 代表今天的日期，tomorrow 代表明天的日期。比如若要表达 2013-7-23 下午 5:30，则表达形式可以是："5:30pm 7/23/13"、"17:30 23.7.12"或者"17:30 july 23"。

（2）相对时间表达

相对时间表达适合于安排后不久就要执行的情况，该表达法以当前时间 now 为基准，然后递增若干个时间单位，时间单位可以是 minutes（分钟）、hours（小时）、days（天）、weeks（星期），表达格式为"now+number 时间单位"。比如若要表达 5 小时后，则表达方法为 now+5 hours。

```
[root@localhost root]# vi   /home/marry/mysh
date
ps
uptime
~
~
: wq                              //保存退出
[root@localhost root]# chmod   777   /home/marry/mysh
[root@localhost root]# at   1:30pm   30.12.2012     < /home/marry/mysh
warning: commands will be executed using (in order) a) $SHELL b) login shell c)
/bin/sh
job 1 at   2012-12-30 13:30
[root@localhost root]# at   -m   7am   +3days
warning: commands will be executed using (in order) a) $SHELL b) login shell c)
/bin/sh
at> upadtedb
at> rm   -rf   /home/zhl/*                    [Enter] [Ctrl+D]
job 2 at 2012-06-02 07:00
[root@localhost root]# atq                    //查询已经计划的任务
1           2012-12-30 13:30 a root
2           2012-06-02 07:00 a root
[root@localhost root]# atrm   2               //删除已经计划的任务
[root@localhost root]# atq
1           2012-05-30 13:30 a root
```

2. crontab 命令

at 命令用于安排运行一次的作业比较方便，但如果要重复性地定时执行程序，如每周五下午 5:30 对系统数据进行备份。循环执行的命令由 cron（crond）这个系统服务控制。默认情况下，这个服务是预设启动的。

系统使用/etc/cron.allow 和/etc/cron.delay 这两个文件来控制访问 cron 服务的用户，其原则参照 at 服务用户控制。

cron 使用语法："crontab [-u] [-l | -e | -r]"。

-u：只有 root 才能执行这个任务，用以帮其他用户建立/移除 crontab。

-e：编辑 crontab 的工作内容。

-l：查询 crontab 的工作内容。

-r：移除 crontab 的工作内容。

通常每个用户都可建立一个 crontab 文件：

```
[root@localhost root] crontab -e
```

用户可以用文本编辑器编写这个文件。文件的格式为：每行包括一个"时间域"和"命令"，时间域被多个空格或制表符分隔成 5 个部分，分别表示执行命令的分钟数（0～59）、小时数（0～23）、天数（0～31）、月份（0～12）和星期数（0～7、0 或 7 代表星期天）。每个时间域都可用"*"

代表任意有效的值，用"-"表达一个范围，用","分隔表达一个值的列表。

例如："0,20,40　＊　＊　＊　1~5　ls -l"表示从周一到周五，每隔20分钟执行一次"ls -l"命令。并且，系统会自动以电子邮件的方式报告计划任务的执行结果。

【任务实施】

1．以 root 用户登录系统。

2．执行 crontab 命令：

```
[root@localhost root]# crontab –l
[root@localhost root]# crontab –e
```

输入：

```
50   17 * * *        rm /tmp/*
01   * * * *         cat /data/test>>/backup/backup01.txt
30   17 * * Friday   tar czvf /backup.tart.gz  /backup/*
00   17 * * *         umount /dev/hda6
```

【任务检测】

1．是否掌握了 ps 命令。

2．使用 top 查看进程。

3．使用 kill 命令终止进程。

4．作业控制命令（Ctrl+Z、Ctrl+C、jobs、fg、bg）。

5．绝对时间与相对时间的表示方法。

6．at 的使用。

7．crontab 的使用。

【任务拓展】

查找进程管理命令 at，bg，fg，kill，crontab，jobs，ps，pstree，top，nice，renice，sleep，nohup 的使用方法。

思考与习题

一、选择题

1．用来终止某一个进程继续执行的命令是（　　）。

　　A．ps　　　　　　　　B．kill　　　　　　　C．pstree　　　　　D．free

2．能把暂停执行的作业放到后台继续执行的命令是（　　）。

　　A．fg　　　　　　　　B．bg　　　　　　　　C．ps　　　　　　　D．jobs

3．定时执行一个任务，任务只执行一次可以使用（　　）。

　　A．crontab　　　　　B．<命令>&　　　　　C．nohup　　　　　D．at

4．表示管道的符号是（　　）。

　　A．|　　　　　　　　B．>>　　　　　　　　C．||　　　　　　　D．//

5．执行 ps 命令，有如下输出，如果需要终止 bash 的运行，需要采用的方法是（　　）。

PID	TTY	TIME	CMD
336	pts/1	00:00:00	login
337	pts/1	00:00:00	bash
356	pts/1	00:00:00	ps C

A．# kill　bash   B．# kill　pts/1

C．# kill　337   D．# kill　!337

6．取消别名的命令是（　　）。

A．alias　　　　　　B．rm　　　　　　C．unalias　　　　D．cp

7．超级用户可以使用 kill 的（　　）参数强制杀死进程。

A．9　　　　　　　　B．TERM　　　　　C．6　　　　　　　D．14

二、综合题

1．命令 at 与 crontab 有何不同？

2．分析 shell 脚本/etc/bashrc 的内容，解释其主要部分的作用。

3．解释在使用 top 命令监控进程时，开头输出的前 3 行信息的含义。

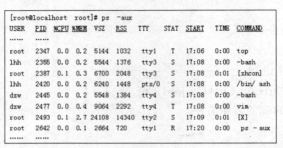

4．超级用户 root 在某时刻执行了 ps 命令得到下图所示的结果，请回答下面的问题：①选项 aux 起什么作用？②请解释带下划线的各列的含义？③COMMAND 列中的 zhcon 程序起什么作用？④该系统是否启动了图形界面？如何杀死对应的进程？

项目十

shell 编程

项目目标

- 了解 shell 环境变量
- 了解 shell 的特殊控制字符
- 了解 shell 的语法结构
- 会编写简单的 shell 脚本
- 会执行 shell 脚本

任务　编写 shell 脚本

【任务描述】

设计一个 shell 脚本，在/userdata 目录下自动建立 50 个目录，即 user1～user50，并设置每个目录的权限为 rwxr-xr--。

设计一个 shell 脚本，备份并压缩/etc 目录的所有内容，存放在/root/bak 目录里，且文件名为如下形式：yymmdd_etc，yy 为年，mm 为月，dd 为日。

【任务分析】

可以通过 if 语句测试是否存在/userdata 目录，如果没有/userdata 目录则创建，利用循环语句自动建立 50 个目录，并利用 chmod 命令设置目录的权限。

可以应用 date 命令的不同选项来获取年月日的值，利用 tar 命令进行文件的打包与压缩。

【预备知识】

1. shell 基础

当一个用户登录 Linux 系统之后，系统初始化程序 init 就为每一个用户运行一个称为 shell（外壳）的程序。那么，shell 是什么呢？ shell 就是一个命令行解释器，它为用户提供了一个向 Linux 内核发送请求以便运行程序的界面系统级程序，用户可以用 shell 来启动、挂起、停止甚至是编写一些程序。

当用户使用 Linux 时是通过命令来完成所需工作的。一个命令就是用户和 shell 之间对话的一个基本单位，它是由多个字符组成并以换行结束的字符串。

其实作为命令语言，交互式地解释和执行用户输入的命令只是 shell 功能的一个方面，shell 还可以用来进行程序设计，它提供了定义变量和参数的手段以及丰富的程序控制结构。使用 shell 编程类似于 DOS 中的批处理文件，称为 shell script，又叫 shell 程序或 shell 命令文件。

（1）输入输出重定向

在Linux中，每一个进程都有三个特殊的文件描述指针：标准输入（standard input，文件描述指针为 0）、标准输出（standard output，文件描述指针为 1）、标准错误输出（standard error，文件描述指针为 2）。这三个特殊的文件描述指针使进程在一般情况下接收标准输入终端的输入，同时由标准终端来显示输出，Linux 同时也向使用者提供可以使用普通的文件或管道来取代这些标准输入输出设备。在 shell 中，使用者可以利用 ">" 和 "<" 来进行输入输出重定向。如：

command>file：将命令的输出结果重定向到一个文件。

command>&file：将命令的标准错误输出重定向到一个文件。

command>>file：将标准输出的结果追加到文件中。

command>>&file：将标准输出和标准错误输出的结果都追加到文件中。

command<file：利用输入重定向可以将所要输入的资料统一放入文件中，利用重定向一起输入。

（2）管道 pipe

pipe 同样可以在标准输入输出和标准错误输出间做代替工作，这样一来，可以将某一个程序的输出送到另一个程序的输入，其语法如下：

command1| command2[| command3...]

也可以连同标准错误输出一起送入管道：

command1| &command2[|& command3...]

（3）前台和后台

在 shell 下面，一个新产生的进程可以通过命令后面的符号 ";" 和 "&" 来分别以前台和后台的方式执行，语法如下：

command;

产生一个前台的进程，下一个命令须等该命令运行结束后才能输入。

command &

产生一个后台的进程，此进程在后台运行的同时，可以输入其他的命令。

（4）Bash shell 的环境变量

环境变量是 shell 本身的一组用来存储系统信息的变量，用户可以通过 shell 的环境变量了解 shell 的一些特性。环境变量的名称以 "$" 开头，要使用 shell 环境变量，必须在变量名前加上一个 "$" 符号而不能直接使用变量名。

/etc 目录下的 bashrc 文件列出了 Bash shell 的内容，使用命令 more 可以查看该文件的内容。从 /etc/bashrc 文件的前 4 行可以知道，关于环境变量的信息在/etc/profile 文件中。

下面将对这些环境变量及其设置做个简单的介绍。

1）HOME：用户主目录的全路径名。主目录，是用户登录时默认的当前工作目录。默认情况下，普通用户的主目录为/home/用户名，root 用户的主目录为/root。不管当前路径在哪里，你都可以通过命令"cd $HOME"返回到你的主目录。

2）LOGNAME：当前登录的用户名。系统通过 LOGNAME 变量确认当前用户是否是文件的所有者，是否有权执行某个命令等。

3）PATH：shell 从中查找命令或程序的目录列表，它是一个非常重要的 shell 变量。PATH 变量包含有带冒号分界符的路径字符串，这些字符串指向含有用户使用命令或程序名的目录。PATH 变量中的字符串顺序决定了先从哪个目录查找。PATH 环境变量的功能和用法与 DOS/Windows 系统几乎完全相同。

4）PS1：这个变量用于设定 shell 的基本提示符，即 shell 在准备接受命令时显示的字符串，其一般被设为 PSl= "[\u@\h \w]\\$ "。这样设的结果是输出[用户名@主机名 当前目录]$。

以上的设置中用了一些格式化的字符串，在每一个格式化的字符前面必须有一个反斜线用来将后面的字符转义。下面是一些格式化字符串的含义：

\u：登录的用户名称。

\h：主机的名称。

\t：当时的时间。

\d：当前的日期。

\!：显示该命令的历史记录编号。

\#：显示当前命令的编号。

\$：显示"$"作为命令提示符，如果是 root 用户则显示为"root"。

\\：显示反斜杠。

\n：换行。

\s：显示当前运行的 shell 的名字。

\W：显示当前工作目录的名字。

\w：显示当前工作目录的路径。

PS1 变量的值也可以修改。如果想在提示符中显示当前的工作目录,可以把 PS1 修改为：PS1='${ PWD } >'。如果用户的当前工作目录为/usr/bin，这是的提示符为"/usr/bin >"。

5）PWD：当前的工作目录的路径，它指出目前你在什么位置。

6）SHELL：当前使用的 shell 和 shell 存放的位置。

7）ENV：Bash 环境文件。

8）TERM：定义终端的类型，否则 VI 编辑器会不能正常使用。

9）OLDPWD：先前的工作目录。

（5）位置参数

位置参数是一种在调用 shell 程序的命令行中按照各自的位置决定的变量，是在程序名之后输入的参数。位置参数之间用空格分隔，shell 取第一个位置参数替换程序文件中的$1，第二个替换$2，依次类推。$0 是一个特殊的变量，它的内容是当前这个 shell 程序的文件名，所以，$0 不是一个位置参数，在显示当前所有的位置参数时是不包括$0 的。

（6）预定义变量

预定义变量和环境变量相类似，也是在 shell 一开始就定义了的变量，所不同的是，用户只能根据 shell 的定义来使用这些变量，而不能重定义它。所有预定义变量都是由"$"和另一个符号组成的，常用的 shell 预定义变量有：

$#：位置参数的数量。

$*：所有位置参数的内容。

$?：命令执行后返回的状态。

$$：当前进程的进程号。

$!：后台运行的最后一个进程号。

$0：当前执行的进程名。

其中，"$?"用于检查上一个命令执行是否正确（在 Linux 中，命令退出状态为 0 表示该命令正确执行，任何非 0 值表示命令出错）。

"$$"变量最常见的用途是用作临时文件的名字以保证临时文件不会重复。

（7）用户定义的环境变量

shell 允许用户自己定义环境变量，这些变量可以使用字符串或者数值赋值，其语法结构为："变量＝字符串值或数值"。如果用于赋值的字符串中包含空格符、制表符或换行符，则必须用单引号或双引号括起来。

系统设置的环境变量都是大写字母，但不是必须大写，自己定义时可以用小写字母。如果要取消自定义的变量及其值，使用的命令和格式是："unset 变量名"。

```
[root@localhost root]# a=2
[root@localhost root]# echo $a
2
[root@localhost root]# unset a
[root@localhost root]# echo $a

[root@localhost root]# set | grep name
```

另外，在引用变量时，可以用花括号"{}"将变量括起来，这样便于保证变量和它后面的字符分隔开。

```
[root@localhost root]# a= 'This is a t'
[root@localhost root]# echo "${a}est for string."
This is a test for string.
```

虽然不同的 shell 拥有不同的环境变量，但它们彼此间的差别并不大，要显示环境变量以及环境变量的值，需要使用 set 命令。如果仅想知道某一环境变量的值，可以使用命令 echo，并在环境变量前加"$"符号。

```
[root@localhost root]# set                //查看 root 的环境变量以及环境变量的值
BASH=/bin/bash
BASH_ENV=/root/.bashrc
BASH_VERSINFO=（[0]="2" [1]="05b" [2]="0" [3]="1" [4]="release" [5]=
"i386-red hat-linux-gnu"）
BASH_VERSION='2.05b.0（1）-release'
COLORS=/etc/DIR_COLORS.xterm
COLORTERM=gnome-terminal
COLUMNS=78
DIRSTACK=（      ）
DISPLAY=:0.0
```

```
EUID=0
GDMSESSION=GNOME
GNOME_DESKTOP_SESSION_ID=Default
GROUPS=（    ）
GTK_RC_FILES=/etc/gtk/gtkrc:/root/.gtkrc-1.2-gnome2
G_BROKEN_FILENAMES=1
HISTFILE=/root/.bash_history
HISTFILESIZE=1000
HISTSIZE=1000
HOME=/root
HOSTNAME=localhost
HOSTTYPE=i386
……                            ……
USER=root
USERNAME=root
WINDOWID=18874632
XAUTHORITY=/root/.Xauthority
XMODIFIERS=@im=Chinput
_=set
i=/etc/profile.d/which-2.sh
[root@localhost root]# echo    $ HOSTNAME          //察看某一个环境变量的值。
Localhost
```

（8）临时修改环境变量

可以直接使用"变量名＝变量值"的方式给变量赋新值，如果希望给环境变量增加内容，可以使用"变量名＝$:增加的变量值;export PATH"的方式。

```
[root@localhost root]# echo    $LINES
24
[root@localhost root]# LINES=22
[root@localhost root]# echo    $LINES
22
[root@localhost root]#echo    $PATH
PATH=/usr/local/sbin:/usr/local/bin:/sbin:/usr/sbin:/usr/bin:/usr/X11R6/bin:/root/bin
[root@localhost root]#PATH=$PATH:/tmp
[root@localhost root]#echo    $PATH
PATH=/usr/local/sbin:/usr/local/bin:/sbin:/usr/sbin:/usr/bin:/usr/X11R6/bin:/root/bin:/tmp
```

（9）永久修改环境变量

上面介绍的方法修改环境变量，当系统再次启动时，所做的修改将被还原。解决这个问题的方法是修改用户主目录下的.bash_profile 文件。.bash_profile 是一个文本文件，可以采用任何一种文本编辑器进行编辑，如图 10-1 所示。

```
[root@localhost root]# vi /root/.bash_profile
```

（10）Bash shell 的特殊控制字符

Bash shell 提供了许多的控制字符及特殊字符，用来简化命令行的输入。

1）Ctrl+U 组合键：删除光标所在的命令行。

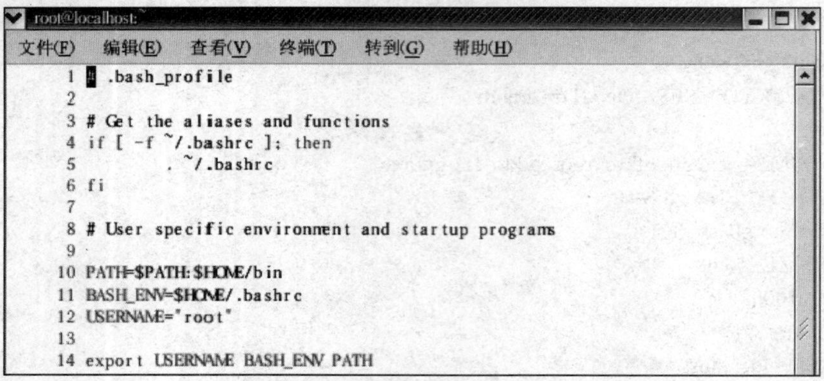

图 10-1　.bash_profile 文件

2）Ctrl+J 组合键：相当于 Enter 键。

3）使用一对单引号（''），shell 将不解释被单引号括起来的内容。

4）使用两个倒引号（``）引用命令，替换命令执行的结果。

5）分号（;）可以将两个命令隔开，实现在一行中输入多个命令。与管道不同，多重命令是顺序执行的，第一个命令执行结束后，才执行第二个命令，以此类推。

2. shell 基本语法

shell 的基本语法就是如何输入命令运行程序以及如何在程序之间通过 shell 的一些参数提供便利手段来进行通讯。

（1）shell 程序设计的流程控制

和其他高级程序设计语言一样，shell 提供了用来控制程序执行流程的命令，包括条件分支和循环结构，用户可以用这些命令建立非常复杂的程序。

与传统的语言不同的是，shell 用于指定条件值的不是布尔表达式而是命令和字符串。

test 命令用于检查某个条件是否成立，它可以进行数值、字符和文件三个方面的测试，其测试符和相应的功能分别如下：

1）数值测试

-eq：等于则为真。

-ne：不等于则为真。

-gt：大于则为真。

-ge：大于等于则为真。

-lt：小于则为真。

-le：小于等于则为真。

2）字符串测试

=：相等则为真。

!=：不相等则为真。

-z 字符串：字符串长度伪则为真。

-n 字符串：字符串长度不伪则为真。

3）文件测试

-e 文件名：如果文件存在则为真。

-r 文件名：如果文件存在且可读则为真。

-w 文件名：如果文件存在且可写则为真。

-x 文件名：如果文件存在且可执行则为真。

-s 文件名：如果文件存在至少有一个字符则为真。

-d 文件名：如果文件存在且为目录则为真。

-f 文件名：如果文件存在且为普通文件则为真。

-c 文件名：如果文件存在且为字符型特殊文件则为真。

-b 文件名：如果文件存在且为块特殊文件则为真。

另外，Linux 还提供了与（"!"）、或（"-o"）、非（"-a"）三个逻辑操作符用于将测试条件连接起来，其优先级为："!"最高，"-a"次之，"-o"最低。

同时，bash 也能完成简单的算术运算，格式如下：

```
$[expression]
```

例如：a=2

　　　b=$[a*10+2]

则：b 的值为 22。

（2）if 条件语句

shell 程序中的条件分支是通过 if 条件语句来实现的，其一般格式为：

```
if 条件命令串
then
条件为真时的命令串
else
条件为假时的命令串
fi
```

（3）for 循环

for 循环对一个变量的可能的值都执行一个命令序列。赋给变量的几个数值既可以在程序内以数值列表的形式提供，也可以在程序以外以位置参数的形式提供。for 循环的一般格式为：

```
for 变量名
[in 数值列表]
do
若干个命令行
done
```

变量名可以是用户选择的任何字符串，如果变量名是 var，则在 in 之后给出的数值将顺序替换循环命令列表中的$var。如果省略了 in，则变量 var 的取值将是位置参数。对变量的每一个可能的赋值都将执行 do 和 done 之间的命令列表。

（4）while 和 until 循环

while 和 until 命令都是用命令的返回状态值来控制循环的。while 循环的一般格式为：

```
while
若干个命令行 1
do
若干个命令行 2
done
```

只要 while 的"若干个命令行 1"中最后一个命令的返回状态为真，while 循环就继续执行 do

和 done 之间的"若干个命令行 2"。

until 命令是另一种循环结构，它和 while 命令相似，其格式如下：

```
until
若干个命令行 1
do
若干个命令行 2
done
```

until 循环和 while 循环的区别在于：while 循环在条件为真时继续执行循环，而 until 则是在条件为假时继续执行循环。

shell 还提供了 true 和 false 两条命令用于建立无限循环结构的需要，它们的返回状态分别是总为 0 或总为非 0。

（5）case 条件选择

if 条件语句用于在两个选项中选定一项，而 case 条件语句为用户提供了根据字符串或变量的值从多个选项中选择一项的方法，其格式如下：

```
case string in
exp-1)
若干个命令行 1
;;
exp-2)
若干个命令行 2
;;
……
*)
其他命令行
esac
```

shell 通过计算字符串 string 的值，将其结果依次和表达式 exp-1、exp-2 等进行比较，直到找到一个匹配的表达式为止，如果找到了匹配项则执行它下面的命令直到遇到一对分号（;;）为止。

在 case 表达式中也可以使用 shell 的通配符（"*"、"？"、"[ ]"）。通常用"*"作为 case 命令的最后表达式以便在前面找不到任何相应的匹配项时执行"其他命令行"的命令。

（6）无条件控制语句 break 和 continue

break 用于立即终止当前循环的执行，而 continue 用于不执行循环中后面的语句而立即开始下一次循环的执行。这两个语句只有放在 do 和 done 之间才有效。

（7）函数定义

在 shell 中还可以定义函数。函数实际上也是由若干条 shell 命令组成的，因此它与 shell 程序形式上是相似的，不同之处是它不是一个单独的进程，而是 shell 程序的一部分。函数定义的基本格式为：

```
Function name
{
若干命令行
}
```

调用函数的格式为：

```
Function name param1 param2……
```

shell 函数可以完成某些例行的工作，而且还可以有自己的退出状态，因此函数也可以作为 if、

while 等控制结构的条件。

在函数定义时不用带参数说明，但在调用函数时可以带有参数，此时 shell 将把这些参数分别赋予相应的位置参数$1、$2、...、$*。

（8）命令分组

在 shell 中有两种命令分组的方法："()"和"{}"，前者当 shell 执行()中的命令时将再创建一个新的子进程，然后这个子进程去执行圆括弧中的命令。当用户在执行某个命令时不想让命令运行对状态集合（如位置参数、环境变量、当前工作目录等）的改变影响到下面语句的执行，就应该把这些命令放在圆括弧中，这样就能保证所有的改变只对子进程产生影响，而父进程不受任何干扰；{}用于将顺序执行的命令的输出结果作为另一个命令的输入（管道方式）。当我们要真正使用圆括弧和花括弧时（如计算表达式的优先级），则需要在其前面加上转义符（\）以便让 shell 知道它们不是用于命令执行的控制所用。

（9）信号

trap 命令用于在 shell 程序中捕捉到信号，之后可以有三种反应方式：

● 执行一段程序来处理这一信号。

● 接受信号的默认操作。

● 忽视这一信号。

trap 对上面三种方式提供了三种基本形式：

1）第一种形式的 trap 命令在 shell 接收到 signal list 清单中数值相同的信号时，将执行双引号中的命令串。

```
trap 'commands' signal-list
trap "commands" signal-list
```

2）为了恢复信号的默认操作，使用第二种形式的 trap 命令：

```
trap signal-list
```

3）第三种形式的 trap 命令允许忽视信号：

```
trap " " signal-list
```

注意：

（1）对信号 11（段违例）不能捕捉，因为 shell 本身需要捕捉该信号去进行内存的转储。

（2）在 trap 中可以定义对信号 0 的处理（实际上没有这个信号），shell 程序在其终止（如执行 exit 语句）时发出该信号。

（3）在捕捉到 signal list 中指定的信号并执行完相应的命令之后，如果这些命令没有将 shell 程序终止的话，shell 程序将继续执行收到信号时所执行的命令后面的命令，这样将很容易导致 shell 程序无法终止。

另外，在 trap 语句中，单引号和双引号是不同的，当 shell 程序第一次碰到 trap 语句时，将把 commands 中的命令扫描一遍。此时若 commands 是用单引号括起来的话，那么 shell 不会对 commands 中的变量和命令进行替换，否则 commands 中的变量和命令将用当时具体的值来替换。

3．运行 shell 程序的方法

用户可以用任何编辑程序来编写 shell 程序。因为 shell 程序是解释执行的，所以不需要编译装配成目标程序，按照 shell 编程的惯例，以 bash 为例，程序的第一行一般为"#! /bin/bash"，其中#表示该行是注释，叹号"!"告诉 shell 运行叹号之后的命令并用文件的其余部分作为输入，也就是运行/bin/bash 并让/bin/bash 去执行 shell 程序的内容。

执行 shell 程序的方法有三种：

（1）sh shell 程序文件名

这种方法的命令格式为："bash shell 程序文件名"。

这实际上是调用一个新的 bash 命令解释程序，而把 shell 程序文件名作为参数传递给它。新启动的 shell 将去读指定的文件，执行文件中列出的命令，所有的命令都执行完结束。该方法的优点是可以利用 shell 调试功能。

（2）bash <shell 程序文件名< p>

命令格式为："bash<shell 程序文件名< p>"。

这种方式就是利用输入重定向，使 shell 命令解释程序的输入取自指定的程序文件。

（3）用 chmod 命令使 shell 程序成为可执行的

一个文件能否运行取决于该文件的内容本身可执行且该文件具有执行权。对于 shell 程序，当用编辑器生成一个文件时，系统赋予的许可权限都是 644（rw-r-r--），因此，当用户需要运行这个文件时，只需要直接键入文件名即可。

在这三种运行 shell 程序的方法中，最好按下面的方式选择：当刚建立一个 shell 程序，对它的正确性还没有把握时，应当使用第一种方式进行调试。当一个 shell 程序已经调试好时，应使用第三种方式把它固定下来，以后只要键入相应的文件名即可，并可被另一个程序所调用。

4．bash 程序的调试

shell 程序的调试主要是利用 bash 命令解释程序的选项。调用 bash 的形式是："bash -选项 shell 脚本"。

几个常用的选项是：

-e：如果一个命令失败就立即退出。

-n：读入命令但是不执行它们。

-u：置换时把未设置的变量看作出错。

-v：当读入 shell 输入行时把它们显示出来。

-x：执行命令时把命令和它们的参数显示出来。

上面的所有选项也可以在 shell 程序内部用"set -选项"的形式引用，而"set +选项"则将禁止该选项起作用。如果只想对程序的某一部分使用某些选项时，则可以将该部分用上面两个语句包围起来。

（1）未置变量退出和立即退出

未置变量退出特性允许用户对所有变量进行检查，如果引用了一个未赋值的变量就终止 shell 程序的执行。shell 通常允许未置变量的使用，在这种情况下，变量的值为空。如果设置了未置变量退出选项，则一旦使用了未置变量就显示错误信息，并终止程序的运行。未置变量退出选项为"-u"。

当 shell 运行时，若遇到不存在或不可执行的命令、重定向失败或命令非正常结束等情况时，如果未经重新定向，该出错信息会打印在终端屏幕上，而 shell 程序仍将继续执行。要想在错误发生时迫使 shell 程序立即结束，可以使用"-e"选项将 shell 程序的执行立即终止。

（2）shell 程序的跟踪

调试 shell 程序的主要方法是利用 shell 命令解释程序的"-v"或"-x"选项来跟踪程序的执行。

"-v"选项使 shell 在执行程序的过程中，把它读入的每一个命令行都显示出来，而 "-x" 选项使 shell 在执行程序的过程中把它执行的每一个命令在行首用一个 "+" 加上命令名显示出来，并把每一个变量和该变量所取的值也显示出来，因此，它们的主要区别在于：在执行命令行之前无 "-v" 则打印出命令行的原始内容，而有 "-v" 则打印出经过替换后的命令行的内容。

除了使用 shell 的 "-v" 和 "-x" 选项以外，还可以在 shell 程序内部采取一些辅助调试的措施。例如，可以在 shell 程序的一些关键地方使用 echo 命令把必要的信息显示出来，它的作用相当于 C 语言中的 printf 语句，这样就可以知道程序运行到什么地方及程序目前的状态。

5. bash 的内部命令

bash 命令解释程序包含了一些内部命令。内部命令在目录列表是看不见的，它们由 shell 本身提供。常用的内部命令有：echo、eval、exec、export、readonly、read、shift、wait 和点 "."。下面简单介绍其命令格式和功能。

echo

命令格式：echo arg

功能：在屏幕上打印出由 arg 指定的字符串。

eval

命令格式：eval args

功能：当 shell 程序执行到 eval 语句时，shell 读入参数 args，并将它们组合成一个新的命令，然后执行。

exec

命令格式：exec 命令参数

功能：当 shell 执行到 exec 语句时，不会去创建新的子进程，而是转去执行指定的命令，当指定的命令执行完时，该进程也就是最初的 shell 就终止了，所以 shell 程序中 exec 后面的语句将不再被执行。

export

命令格式：export 变量名或 export 变量名=变量值

功能：shell 可以用 export 把它的变量向下带入子 shell 从而让子进程继承父进程中的环境变量。但子 shell 不能用 export 把它的变量向上带入父 shell。

注意：不带任何变量名的 export 语句将显示出当前所有的 export 变量。

readonly

命令格式：readonly 变量名

功能：将一个用户定义的 shell 变量标识为不可变的。不带任何参数的 readonly 命令将显示出所有只读的 shell 变量。

read

命令格式：

read 变量名表

功能：从标准输入设备读入一行，分解成若干字，赋值给 shell 程序内部定义的变量。

shift

功能：shift 语句按如下方式重新命名所有的位置参数变量：$2 成为 $1，$3 成为 $2……在程序中每使用一次 shift 语句，都使所有的位置参数依次向左移动一个位置，并使位置参数 "$#" 减 1，直到减到 0。

wait

功能：使 shell 等待在后台启动的所有子进程结束。wait 的返回值总是真。

exit

功能：退出 shell 程序。在 exit 之后可有选择地指定一个数字作为返回状态。

"."（点）

命令格式：. shell 程序文件名

功能：使 shell 读入指定的 shell 程序文件并依次执行文件中的所有语句。

【任务实施】

shell 编程任务一

1．跟着做

```
shell1.sh
#my first shell script
#! /bin/bash
echo "hello world!"

shell2.sh
#My second shell script
#!/bin/bash
echo "enter your name:"
read name
echo "your name is $name"

shell3.sh
#!/bin/bash
#My three shell script
echo "current time is `date`"          //date 要加反引号
pwd
echo $HOME
echo $SHELL
echo $PATH
```

问题：

（1）这 3 个脚本文件有哪些共同之处？

（2）"#!/bin/bash" 有什么作用？

（3）echo 命令有什么用，类型于 C 语言程序设计中的什么函数？read 命令有什么用，类型于 C 语言程序设计中的什么函数？

（4）shell 脚本的变量需要先定义才能用吗？如何定义用户自己的变量？如何读出变量的值？

（5）Linux 有没有为用户提供系统变量，举例说明？用什么命令可以查看已经定义的系统变量？

（6）如何查看 PATH 变量的值？设置 PATH 变量的值有什么意义？如何把/tmp 目录临时设置为搜索目录？如何永久设置 PATH 变量的值？

（7）如何运行 shell 脚本，你知道还有其他方法吗？

（8）如果要在任意位置执行脚本，应该怎么办？

（9）shell 脚本有什么用？

2．小组做

编写一个 shell 程序 test.sh，此程序的功能是：显示 root 下的文件信息，然后建立一个 java 文件夹，在此文件夹下建立一个文件 file，修改此文件的权限为可执行。

进入 root 目录：cd /root

显示 root 目录下的文件信息：ls -l

新建文件夹：mkdir java

进入 root/java 目录：cd java

新建一个文件 file：vi file

修改 file 文件的权限为可执行：chmod +x file

回到 root 目录：cd /root

shell 脚本编程总结：

（1）按照格式要求书写。

（2）熟悉 shell 命令。

（3）理解文件操作与系统管理的要求。

（4）正确运行脚本。

3．独立做

（1）编写一个名为 myfirstshell.sh 的脚本，它包括以下内容：

包含一段注释，列出您的学号、姓名、脚本的名称。

问候用户。

显示日期和时间。

显示这个月的日历。

显示您的机器名。

显示当前这个操作系统的名称和版本。

显示父目录中的所有文件的列表。

显示 root 正在运行的所有进程。

显示变量 TERM、PATH 和 HOME 的值。

显示磁盘使用情况。

用 id 命令打印出您的组 ID。

跟用户说"Good bye"。

（2）设计一个 shell 程序，备份并压缩/etc 目录的所有内容，存放在/root/bak 目录里，且文件名为如下形式：yymmdd_etc.tar.gz，yy 为年，mm 为月，dd 为日。

参考脚本如下：

```
#/bin/bash
yy=date +%Y
mm=date +%m
dd=date +%d
tar czvf /root/bak/{$yy}{$mm}{$dd}_etc.tar.gz /etc
```

shell 编程任务二

1. 跟着做

```
shell4.sh
#! /bin/sh
echo "Program name is $0";
echo "There are total $# parameters in this program";
echo "The result is $?";
echo "the fisrt parameter is $1"
echo "the second parameter is"
echo "The parameter are $*";
```

注意：执行时用 ./shell4.sh this is my four shell script。

问题：

（1）$0 表示什么？

（2）$#表示什么？

（3）$?表示什么？

（4）$*表示什么？

（5）$1、$2 表示什么？

小结：

```
shell5.sh
#! /bin/sh
if [ $# -eq 0 ]
    then
        echo "Please specify a file! "
else
        mv $1 $HOME/dustbin
        echo "File $1 is deleted !"
fi
```

问题：

（1）shell 中的条件判断语句的结构是什么？

（2）[$# -eq 0]中 $#表示什么？"equal" 这个英语单词的意思是什么？在这里 eq 是 equal 的缩写，"$# -eq 0"表示什么意思呢？[$# -eq 0]在书写时有哪些注意事项？

（3）在 shell 程序中，通常使用表达式比较来完成逻辑任务。表达式所代表的操作符有哪些？

（4）英语单词 specify 的意思是什么？

（5）$HOME 表示什么？你本机的$HOME 的值是多少？

（6）英语单词 dustbin 的意思是什么？

（7）mv $1 $HOME/dustbin 的意思是什么？

```
shell7.sh
    #!/bin/bash
    user=`whoami`
  case $user in
    teacher)
    echo "hello teacher";;
    root)
```

```
        echo "hello root";;
        *)
        echo "hello $user,welcome"
        esac
```

问题：

（1）*)在这里表示什么？

（2）shell 中的 case 条件选择语句的结构是什么？

```
shell8.sh
#! /bin/Bash
total =0
for((j=1;j<=100;j++))
do
        total=`expr$total + $j `        //或$((total+j))
done
echo "The result is $total"
```

问题：

（1）shell 脚本中 for 循环的结构是什么？

（2）条件语句的结构有哪些形式？

（3）shell 脚本中的循环还有哪些？它们的结构分别是什么？

2．小组做

编写一个 shell 程序 test2，输入一个字符串，如果是目录，则显示目录下的信息，如为文件则显示文件的内容。

3．自己做

设计一个 shell 程序，在/userdata 目录下建立 50 个目录，即 user1～user50，并设置每个目录的权限为 rwxr-xr--。

参考脚本如下：

```
#i/bin/bash
if [-d /userdata ] :then
    echo "userdata is exist ,quit"
    exit
else
    echo "userdata is not exist"
    mkdir /userdata
    echo "now create /userdata"
fi
cd /userdata
i=1
while [ $i –le 50 ]
do
    mkdir user$i
    chmod 754 user$i
    echo "create user$i"
    ll
    i=$((i+1))
done
```

【任务检测】

1."自己做"shell 脚本是否完成？

2.是否会运行 shell 脚本？

3.是否理解了 shell 脚本的语法规则？

【任务拓展】

1.学习《Linux 与 UNIX Shell 编程指南》。

2.编写一个 shell 程序，呈现一个菜单，有 0～5 共 6 个命令选项，1 为挂载 U 盘，2 为卸载 U 盘，3 为显示 U 盘的信息，4 为把硬盘中的文件拷贝到 U 盘，5 为把 U 盘中的文件拷贝到硬盘中，选 0 为退出。

参考脚本如下：

```
#!/bin/sh
#mountusb.sh
#退出程序函数
quit()
{
  clear
  echo \"*************************************************************"
  echo  "***            thank you to use,Good bye!           ****"
  exit 0
  }

mountusb()
 {
     clear
     mkdir /mnt/usb
     /sbin/fdisk -l |grep /dev/sd
     echo -e "Please Enter the device name of usb as shown above:\c"
     read PARAMETER
     mount /dev/$PARAMETER /mnt/usb
}
umountusb()
{
     clear
     umount /mnt/usb
}

display()
{
     clear
     ls -la /mnt/usb
}

cpdisktousb()
{
     clear
```

```
    echo -e "Please Enter the filename to be Copide (under Current directory):\c"
    read FILE
    echo "Copying,please wait!... "
    cp $FILE /mnt/usb
}

cpusbtodisk()
{
    clear
    echo -e "Please Enter the filename to be Copide in USB:\c"
    read FILE
    echo "Copying ,Please wait!..."
    cp /mnt/usb/$FILE .

}
clear
while true
do
echo \ "============================================================="
echo  "***            LINUX USB MANAGE PROGRAM            ***"
echo  "              1-MOUNT USB                            "
echo  "              2-UNMOUNT USB                          "
echo  "              3-DISPLAY USB INFORMATION              "
echo  "              4-COPY FILE IN DISK TO USB            "
echo  "              5-COPY FILE IN USB TO DISK            "
echo  "              0-EXIT                                "
echo \"============================================================="
echo -e "Please Enter a Choice(0-5):\c"
read CHOICE
case $CHOICE in
1)mountusb;;
2)unmountusb;;
3)display;;
4)cpdisktousb;;
5)cpusbtodisk;;
0)quit;;
*)   echo "Invalid Choice!Corrent Choice is (0-5)"
     sleep 4
     clear;;
esac
done
```

思考与习题

一、填空题

1．在 Linux 系统中输入命令时，可以使用_____键实现命令的自动补齐。

2．在 Linux 系统中，可以使用_____命令清除终端窗口中显示的内容，如果要把终端窗口还原到它的默认值，应该使用命令_____。

3．shell 程序设计时，使用的控制结构有三种：顺序结构、_____和_____。

二、判断题

1．shell 是一个命令语言解释器。（　　）

2．shell 是一种编译型的程序设计语言。（　　）

3．组合键 Ctrl+C 能够把当前控制台上一个运行中的命令放入后台并挂起。（　　）

4．管道符"|"可以将两个命令隔开，实现在一行中输入多个命令，使得多个命令顺序执行。（　　）

5．在引用 shell 变量时，可以用花括弧"{}"将变量名括起来，这样便于保证变量和它后面的字符分隔开。（　　）

项目十一

网络配置

项目目标

- 了解 Linux 网络接口的联网信息
- 能够使用 ifconfig 命令配置网络连接
- 能够使用 route 命令配置基本路由
- 能够配置静态 IP 地址和静态路由
- 能够进行常用的网络故障诊断

任务 1　配置网络连接

【任务描述】

系统管理员现在需要为 Linux 系统的计算机配置网络，配置 IP 地址为 192.168.0.2，子网掩码为 255.255.255.0，广播地址为 192.168.0.255，查看联网信息，并测试网络是否连接。

【任务分析】

系统管理员可以使用 ifconfig 命令配置网络及查看联网信息，可以使用 ping 命令测试网络是否连通。

【预备知识】

1. Linux 网络基础

（1）IP 地址

TCP/IP 网络的两台主机要进行通信，首先必须要有 IP 地址来标识主机。IP 地址有 IPv4 和 IPv6 两种类型。目前，因特网使用的是 IPv4 协议的 IP 地址。IPv4 的 IP 地址是一组 32 位的二进制数，

用 "." 作为分隔符，即 4 个字节，通常把它转化为十进制数来表示，如 "192.168.66.253"。

IP 地址的 4 个字节分为两部分：网络地址和主机号。网络地址用来标识一台主机所在的网络，如 172.16.0.53/24 表示 IP 地址为 172.16.0.53，子网掩码为 24 位（255.255.255.0），即网络地址为 172.16.0.0。主机号用来唯一标识网络中的某台主机，例如/24 中的主机号 172.16.0.53/24 唯一标识 172.16.0.0 网络中的一台主机 172.16.0.53。

（2）子网掩码

每个 IP 地址都有一个子网掩码，可以通过子网掩码从 IP 地址中识别出主机所在的网络地址。子网掩码是一组 32 位的二进制数字，其所对应的网络地址部分都为二进制数 1，所对应的主机号部分为 0，例如 192.168.1.3/16 的子网掩码为 16 位，即 255.255.0.0。

（3）Linux 的网络接口

主机要加入到网络中，必须要有网络接口（网卡）。在 Linux 系统中，网络接口是通过网络设备名称来识别的，如以太网络接口被标识为 eth，主机连接的第一块以太网卡被命名为 eth0，第二块以太网卡被命名为 eth1。令牌环网接口则通过 tr0、tr1 等命名。

2．使用 ifconfig 命令配置以太网

（1）使用 ifconfig 命令配置网络接口

ifconfig 命令可以查看网络接口的联网信息，设置本地网络接口。只有 root 用户可以查看及设置网络接口，ifconfig 的命令格式为："ifconfig [interface] [options]"。

其中 options 的说明如表 11-1 所示。

表 11-1　ifconfig 命令选项

选项	功能
add<IP 地址>	设置网络设备的 IP 地址
del<IP 地址>	删除网络设备的 IP 地址
netmask<子网掩码>	设置网络设备的子网掩码
-broadcast<地址>	将送往指定地址的数据包当作广播数据包
-pointopoint<地址>	与指定地址建立点对点连接
-a	应用到系统中的所有网络设备
up	启动网络设备
down	停止网络设备

利用 ifconfig 命令查看系统中的网络接口联网信息，输入如下：

```
[root@localhost root] # ifconfig  –a
```

输出如图 11-1 所示。

其中：

Link encap：连接的网络设备类型，如 Ethernet 表示以太网。

HWaddr：网络设备的 MAC 地址。

inet addr：IP 地址。

Bcast：广播地址。

Mask：子网掩码。

UP：处于连接、活动状态。

BROADCAST：可以接收广播数据包。

RUNNING：网络设备在运行。

MULTICAST：支持多路广播。

MTU：最大传输单位。

RX：接收数据包的相关数据。

TX：发送数据包的相关数据。

图 11-1　ifconfig 命令输出

利用 ifconfig 命令激活网络接口，输入如下：

[root@localhost root] # ifconfig eth0 up

利用 ifconfig 命令停止网络接口，输入如下：

[root@localhost root] # ifconfig eth0 down

（2）使用 ifconfig 命令设置设备别名

有时需要将主机连接到两个子网中，如果系统只有一个网卡，解决办法是使用网络设备别名，即为网络接口配置多个 IP 地址。设备别名不影响原接口地址的运行连接。其命名方式是"网络设备名:数字"。

使用 ifconfig 命令创建设备别名 eth0:0，并指定其 IP 地址为 172.16.2.100/24：

[root@localhost root] # ifconfig eth0: 0 172.16.2.100 netmask 255.255.255.0

3．网络接口的配置文件

（1）ifconfig-eth0 配置文件

使用 ifconfig 命令等工具设置的网络接口地址在系统重新引导后将会全部丢失。系统引导时会自动从网络设备的配置文件/etc/syscofig/network-scripts/ifcfg-eth0 中读取网络接口的信息来配置网络，所以可以通过编辑该文件来配置网络接口。

[root@localhost root] # vi /etc/syscofig/network-scripts/ifcfg-eth0
DEVICE=eth0
ONBOOT=yes

```
BOOTPROTO=static
HWADDR=01:2c:29:c2:ba:81
IPADDR=192.168.1.43
NETMASK=255.255.255.0
BROCAST=192.168.1.255
NETWORK=192.168.1.0
```

（2）使用 ifup 和 ifdown 命令管理接口

在设置了网络接口的配置文件之后，系统启动时，将自动配置并启动接口，系统管理员也可以使用 ifdown eth0 禁用 eth0 接口；使用 ifup eth0 重新启用 eth0。

[root@localhost root] # ifdown eth0

调用 ifdown eth0 命令后，eth0 接口被禁用；

[root@localhost root] # ifup eth0

使用 ifup eth0 命令重新启用 eth0 之后，接口从网络设备的配置文件中读取网络接口的信息来配置网络。

4．ping 命令

ping 命令使用 ICMP（因特网控制消息协议）传输协议。Linux 系统中，ping 命令向某一个要测试的 IP 地址持续发出 ICMP 数据包，并等待远端主机响应数据包，若网络连接正常，ping 命令会收到 ICMP 响应答复。要终止 ping 命令的测试，按 Ctrl+C 组合键。

ping [options] [hostname|ip-address]

其中 options 的说明如下：

-c：设置发送 ICMP 数据包的次数。

-i：指定发送 ICMP 数据包的间隔时间，默认为 1s。

-I：使用指定的网络接口发送数据包。

-R：记录路由过程。

-s：指定 ICMP 数据包的大小，默认为 64B。

例如，测试与新浪的连接性，可输入：

[root@localhost root] # ping www.sina.com.cn

测试本机网络接口的连通性，可输入：

[root@localhost root] # ping 127.0.0.1

【任务实施】

1．[root@localhost root] # ifconfig -a

2．[root@localhost root] # ifconfig eth0 192.168.0.2 netmask 255.255.255.0 up

3．[root@localhost root] # ifconfig eth0

4．[root@localhost root] #cp /etc/sysconfig/network-scripts/ifcfg-eth0 ifcfg-teh0.bak
   //备份网络配置文件

5．[root@localhost root] # vi /etc/sysconfig/network-scripts/ifcfg-eth0
   //编辑网络配置文件如下所示：

```
IPADDR=192.168.0.2
NETMASK=255.255.255.0
BROADCAST=192.168.0.255
NETWORK=192.168.0.0
```

6. [root@localhost root] # ifconfig
7. [root@localhost root] # ifdown eth0
8. [root@localhost root] # ifup eth0
9. [root@localhost root] # ifconfig
10. [root@localhost root] # ping 127.0.0.1

任务 2　配置和管理路由

【任务描述】

主机 192.168.0.2/24 要与另一网络主机 192.168.1.0/24 进行通信，要求系统管理员为主机 192.168.0.2/24 配置默认路由 192.168.0.254，然后检查本地路由，并测试与子网 192.169.1.0/24 的连通性。

【任务分析】

不同网络上的两台主机要进行通信，发出通信请求的源主机必须要配置一个路由。配置路由及查看路由表使用 route 命令。使用 ping 命令测试网络联通性。

【预备知识】

1. 路由和路由表

路由器用于连接多个逻辑上分开的网络。对于发送到另一网络的数据包，系统必须设置路由对数据包进行转发。路由又称为网关，数据包通过定义的网关到达目标网络。

路由分为两类：主机路由和网络路由。主机路由设置数据包被发往一台主机所经过的路由；网络路由设置数据包被发往另一子网所经过的路由。

默认路由的目标网络是 0.0.0.0/0，代表同一网络之外的所有 IP 地址，即发往其他网络或主机的所有数据包将被发送到默认路由。

每一个 Linux 系统内核都会维护一个路由表，路由表决定系统发出的数据包会通过哪个接口或网关发送，可以通过 route 命令来查看路由表。

2. 使用 route 命令配置和管理路由

可以使用 route 命令查看和配置内核路由表。

例如，系统管理员要为主机 192.168.4.18 配置路由 192.168.0.254，输入如下：

[root@localhost root] # route add -host 192.168.4.18 gw 192.169.0.254

其中 add 表示添加路由，选项-host 表目标是一个主机，选项 gw 定义网关地址。

例如，为网络 192.168.2.0/24 添加网络路由 192.168.0.1，输入如下：

[root@localhost root] # route add -net 192.168.2.0 netmask 255.255.255.0 gw 192.168.0.1

其中选项-net 表示目标是一个网络，netmask 是目标网络的子网掩码。

例如，查看内核路由表的信息，输入如下：

[root@localhost root] # route

例如，删除主机路由 192.168.0.254，输入如下：

[root@localhost root] # route del –host 192.168.5.18 gw 192.168.0.254

其中，选项 del 表示删除路由。

3. 配置静态路由

使用 route 等命令设置的路由在系统重新引导时将会全部丢失。在网络设备的配置文件 /etc/sysconfig/network-scripts/ifcfg-eth0 中可以配置静态路由。在其中添加：

GATEWAY=路由地址

此处设置的是默认路由。在系统重新引导时内核可以自动读取配置该路由，系统管理员也可以通过 ifdown 和 ifup 来使添加的静态路由生效。

例如，系统管理员要为主机 192.168.0.2/24 添加静态路由 192.168.0.254，配置后验证操作的正确性。操作如下：

```
[root@localhost root] # vi /etc/sysconfig/network-scripts/ifcfg-eth0
DEVICE=eth0
ONBOOT=yes
BOOTPROTO=static
HWADDR=00:02:29:c2:ba:82
IPADDR=192.168.0.2
NETMASK=255.255.255.0
BROADCASK=192.168.0.255
NETWORK=192.168.0.0
GATEWAY=192.168.0.254
[root@localhost root] # ifdown eth0
[root@localhost root] # route
[root@localhost root] # ifup eth0
[root@localhost root] # route
```

网卡被启用，内核重新从网络接口配置文件读取并生成路由表。

4. traceroute 命令

traceroute 命令发送基于 UDP 协议的探测报文，可以监测数据包到达目标主机所经过的路径及相关的路由信息。命令格式如下："traceroute [options] [hostname] [ip-address]"。

其中，options 的部分说明如下：

-m：设置检测数据包的最大存活数值 TTL 的大小，默认值为 30。

-n：使用主机名代替 IP 地址。

-I：使用 ICMP 数据包回应。

-V：详细显示监测过程。

-w：设置等待远程主机回应的时间。

-p：设置通信端口。

例如，使用 traceroute 命令监测数据包到达目标主机 61.139.2.69，输入如下：

```
[root@localhost root] # traceroute 61.139.2.69
```

【任务实施】

1. 使用 route 命令查看当前路由表

```
[root@localhost root] # route –n
```

2. 使用 route 命令添加默认路由

```
[root@localhost root] # route add default gw 192.168.0.254
```

3．使用 ping 命令测试网络连通性

[root@localhost root] # ping –c 4 192.168.1.100

【任务检测】

1．使用 ifconfig 命令工具管理网络接口，查看网络接口联网信息、激活网络接口，编辑配置文件/etc/sysconfig/network-scripts/ifcfg-ethn，设置静态网络接口。

2．使用 route 命令配置及管理路由，通过配置文件/etc/sysconfig/network-scripts/ifcfg-thn 配置静态路由。

3．使用 ping 命令测试网络连接。

4．使用 traceroute 命令进行路由跟踪。

【任务拓展】

查看并使用 Linux 网络管理命令。

思考与习题

1．请描述 IP 地址及子网掩码的定义及其作用。

2．请描述路由和默认路由的定义及其作用。

3．在 Linux 系统中，网络接口是通过网络设备名称来识别的，第一块以太网卡被命名为什么？
（　　）

    A．eth1　　　　　　　B．eth0　　　　　　　C．eth　　　　　　　D．tr0

4．查看系统中所有的网络接口联网信息，需要输入以下哪个命令？（　　）

    A．ifconfig　　　　　　B．ifconfig eth0　　C．ifconfig -a　　　D．route -n

5．A 类网络的默认子网掩码是什么？（　　）

    A．255.255.255.255　　B．255.255.255.0　　C．255.255.0.0　　D．255.0.0.0

6．IPv4 的地址长度是多少？（　　）

    A．48bit　　　　　　　B．64bit　　　　　　C．32bit　　　　　　D．128bit

7．为网卡 eth0 配置 IP 地址，一个标准的 C 类网络的地址，下列哪个命令可以实现？（　　）

    A．ifconfig eth0 add 172.16.52.100/24

    B．ifconfig add eth0 172.16.52.100 netmask 255.255.255.0

    C．ifconfig eht0 172.16.52.100 netmask 255.255.255.0 broadcast 172.16.52.255

    D．ifconfig eth0 up

8．计算机中有网卡 eth0，想禁用 eth0，下面哪个命令可以实现？（　　）

    A．ifdown eht0　　　　B．ifup eth0　　　　C．ifconfig eth0 up　　D．ifconfig eth0 down

9．下面哪个命令常用来测试网络连接是否正常？（　　）

    A．netcat　　　　　　B．netstat　　　　　C．ping　　　　　　　D．tcppdump

项目十二

常用服务器配置

项目目标

- 掌握 Samba 服务器的安装、配置和管理
- 掌握 NFS 服务器的安装、配置和管理
- 了解 Apache 服务器的安装、配置和管理
- 了解 VSFTP 服务器的安装、配置和管理
- 了解 DNS 服务器的安装、配置和管理
- 了解 DHCP 服务器的安装、配置和管理

任务　配置简单的 Samba 服务器

【任务描述】

XX 公司有的计算机采用 Windows 操作系统，有的采用 Linux 操作系统。系统管理员需要构建一台 Samba 服务器，使公司局域网内所有员工共享/samba/share 目录，只可读不可写。从 Windows 客户端访问 Samba 服务器的共享目录，验证操作的正确性。

【任务分析】

系统管理员首先要确定已经正确安装了 Samba 服务，编辑配置文件/etc/samba/smb.conf，将服务器上的/samba/share 目录共享到本地网络 192.168.1.0/24，使网络上的其他主机能以只读的方式访问该目录。

【预备知识】

1. Samba 概述

（1）Samba 的作用

　　建立计算机网络的目的之一就是为了能够共享资源，如今接入网络的计算机大多数使用 Windows 操作系统。为了让使用 Linux 操作系统的计算机和使用 Wmdows 操作系统的计算机共享资源，需要使用 Samba 工具。

　　Samba 是在 Linux/UNIX 系统上实现 SMB（Session Message Block）协议的一个免费软件，以实现文件共享和打印机服务共享，它的工作原理与 Windows 网上邻居类似。

　　SMB 使 Linux 计算机在网上邻居中看起来如同一台 Windows 计算机。Windows 计算机的用户可以"登录"到 Linux 计算机中，从 Linux 中复制文件，提交打印任务。如果 Linux 运行环境中有较多的 Windows 用户，使用 SMB 将会非常方便。

　　如图 12-1 所示，图中的服务器运行 Samba 服务器软件，其操作系统是 Linux。该服务器通过 Samba 可以向局域网中的其他 Windows 主机提供文件共享服务。同时，在 Linux 服务器上还连接了一个共享打印机，打印机也通过 Samba 向局域网的其他 Windows 用户提供打印服务。

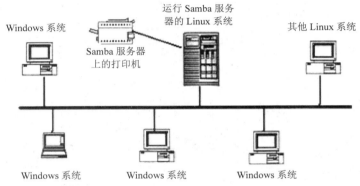

图 12-1　由 Samba 提供文件和打印共享

　　（2）Samba 的组成

　　给 Windows 客户提供文件服务是通过 Samba 实现的，这套软件由一系列的组件构成，主要的组件有：

　　1）smbd

　　smbd 是 Samba 服务守护进程，是 Samba 的核心，时刻侦听网络的文件和打印服务请求，负责建立对话进程、验证用户身份、提供对文件系统和打印机的访问机制。该程序默认安装在/usr/sbin 目录下。

　　2）nmbd

　　nmbd 也是 Samba 服务守护进程，用来实现 Network Browser（网络浏览服务器）的功能，对外发布 Samba 服务器可以提供的服务。用户甚至可以用 Samba 作为局域网的主浏览服务器。

　　3）smbclient（SMB 客户程序）

　　是 Samba 的客户端程序，客户端用户使用它可以复制 Samba 服务器上的文件，还可以访问 Samba 服务器上共享的打印机资源。

　　4）testparm

　　该程序用来快速检查和测试 Samba 服务器配置文件 smb.conf 中的语法错误。

　　5）smbtar

　　smbtar 是一个 shell 脚本程序，它通过 smbclient 使用 tar 格式备份和恢复一台远程 Windows 的共享文件。

还有其他工具命令用来配置 Samba 的加密口令文件、配置 Samba 国际化的字符集。在 Linux 上，Samba 还提供了挂载和卸载 SMB 文件系统的工具程序 smbmount 和 smbumount。

（3）Samba 服务器的安装

用户在安装 Red Hat Linux 9 的时候，如果选择了安装所有软件包，那么 Samba 就已经安装上了；如果系统没有安装，则可以从光盘的 Red Hat/RPMS 目录下安装。

1）查询 Samba 是否已经安装

Red Hat Linux 9 中提供了 Samba 服务器的 RPM 软件安装包，这里可以使用 rpm 命令来检查是否安装以及如何安装。安装 Samba 服务器需要以下软件包：samba-2.2.7a-7.9.0（Samba 服务器软件），samba-common-2.2.7a-7.9.0（Samba 服务器与客户端都需要的文件）、samba-client-2.2.7a-7.9.0（Samba 客户端软件）。

```
[root@localhost   root]# rpm   -qa |grep   samb   //检查 Samba 的相关软件是否已经安装
samba-2.2.7a-7.9.0
samba-common-2.2.7a-7.9.0
samba-client-2.2.7a-7.9.0          //Samba 客户端软件
```

2）安装 Samba

如果输出如上所示的软件名称，则说明已经安装，否则可以使用下面的命令安装 Samba 服务器软件。注意：要先安装 samba-common-2.2.7a-7.9.0 软件包，才能顺利完成另外 2 个软件包的安装。

```
[root@localhost dhcp]# mount   /mnt/cdrom
[root@localhost dhcp]# cd   /mnt/cdrom/Red Hat/RPMS
[root@localhost root]# rpm   -ivh   samba-common-2.2.7a-7.9.0.i386.rpm
warning: samba-common-2.2.7a-7.9.0.i386.rpm: V3 DSA signature:
NOKEY, key ID db42a60e
Preparing...                  ######################################### [100%]
   1:samba-common             ######################################### [100%]
[root@localhost root]#
[root@localhost root]# rpm   -ivh   samba-2.2.7a-7.9.0.i386.rpm
warning: samba-2.2.7a-7.9.0.i386.rpm: V3 DSA signature: NOKEY,
key ID db42a60e
Preparing...                  ######################################### [100%]
   1:samba                    ######################################### [100%]
[root@localhost root]# rpm   -ivh   samba/samba-client-2.2.7a-7.9.0.i386.rpm
warning: samba-client-2.2.7a-7.9.0.i386.rpm: V3 DSA signature:
NOKEY, key ID db42a60e
Preparing...                  ######################################### [100%]
   1:samba-client             ######################################### [100%]
```

安装了 Samba 的上述公用软件包、服务器软件包和客户端软件包后就可以了，但为了配置的方便以及利用 Red Hat Linux 9 的新特性，建议再安装 redhat-config-samba-1.0.4-1 和 samba-swat-2.2.7a-7.9.0 两个软件包。这两个软件包在 Red Hat Linux 9 安装光盘里都有，其中 redhat-config-samba-1.0.4-1 在第 1 张光盘里，samba-swat-2.2.7a-7.9.0 在第 2 张光盘里，安装方法和上面的相同。redhat-config-samba-1.0.4-1 是 Samba 配置工具，使用它可以很方便地配置 Samba，samba-swat-2.2.7a-7.9.0 则是用来修改 samba 配置文件的。

（4）Samba 服务器的启停

安装并配置好 Samba 后，可以在 Linux 终端将 Samba 启动，也可通过终端命令行将已经启动的 Samba 服务关闭。若要启动 Samba，必须以管理员身份登录 Linux，如果是以普通用户身份登录 Linux，可以在终端使用命令"su -"暂时切换到系统管理员身份。

1）使用 service 命令

Samba 服务器的启动、停止，以及当前所处状态的查询等操作，都可以通过 service 命令来实现。

```
[root@localhost   root]# service   smb
用法：/etc/init.d/smb {start|stop|restart|reload|status|condrestart}
[root@localhost   root]# service   smb   start
启动 SMB 服务：                          [  确定  ]
启动 NMB 服务：                          [  确定  ]
[root@localhost   root]# service   smb   stop
关闭 SMB 服务：                          [  确定  ]
关闭 NMB 服务：                          [  确定  ]
[root@localhost   root]# service   smb   status
```

smbd 已停

nmbd 已停

2）使用 chkconfig 命令

若要系统每次启动时自动开启 Samba 服务，可以使用如下 chkconfig 命令，下面的例子表示在系统进入第 3 和第 5 个级别时自动开启 Samba 服务。

```
[root@localhost   root]# chkconfig
chkconfig 版本 1.3.8 - 版权 （C）1997-2000 Red Hat, Inc.
在 GNU 公共许可的条款下，本软件可以被自由发行。
用法：
        chkconfig --list [name]
        chkconfig --add <name>
        chkconfig --del <name>
        chkconfig [--level <levels>] <name> <on|off|reset>）
[root@localhost   root]# chkconfig   --level 35   smb   on
[root@localhost   root]# chkconfig   --list   smb
smb        0:关闭   1:关闭   2:关闭   3:启用   4:关闭   5:启用   6:关闭
```

3）使用 ntsysv 命令

也可以使用命令 ntsysv 打开图形化的命令行界面来设置，如图 12-2 所示。使用 Tab 键可以在"服务"、"确定"和"取消"之间切换，在"服务"窗口中使用方向键"↓"和"↑"可以将光标移动到想要设置的服务，然后使用空格键设置或者取消需要自动启动的服务（前面有"*"标志的服务将在每次开机时自动启动）。另外，按照界面下方的提示按 F1 键，可以获得有关某个服务的详细说明。

如果是在图形界面下，除了使用上面介绍的方法外，还可依次单击"主菜单"→"系统设置"→"服务器设置"→"服务"，打开图 12-3 所示的界面，在该界面下用户也可以很方便地设置选中的服务。

（5）Samba 服务器的配置文件

Samba 服务器最主要的配置文件是/etc/smb/smb.conf，该文件中以";"或"#"符号开头的都是注释，该行的内容会被忽略而不生效。文件中以"#"开头的行是说明，而以";"开头的行则是表示目前该项停用，但可以根据今后的需要去掉前面的";"使之生效。配置文件中的每一行都以"设置项目＝设置值"的格式来表示。

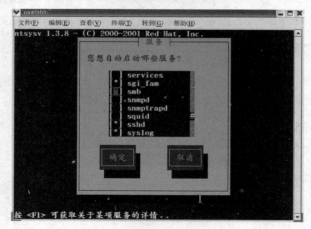

图 12-2　设置系统服务（1）

配置文件 smb.conf 主要由两个部分所组成：Global Settings 和 Share Definition。前者是与 Samba 整体环境有关的选项，这里的设置项适用于每个共享的目录；后者是针对不同的共享目录的个别设置。在开始修改配置文件之前，必须先了解以下重点内容。

图 12-3　设置系统服务（2）

1）Global Settings

本部分参数主要有基本设置参数、安全设置参数、网络设置参数、文件设置参数、打印机设置参数、用户权限设置参数和日志设置参数等。

● 　workgroup = MYGROUP

此项用来设置在 Windows 操作系统的"网上邻居"中将会出现的 Samba 服务器所属的群组，默认为 MYGROUP，不区分大小写。

● 　server string = Samba Server

此项用来设置 Samba 服务器的文字说明，以方便客户端识别，默认为"Samba Server"。

● 　hosts allow = 192.168.1.　192.168.2.　127.

该项用来设置允许哪些主机访问 Samba 服务器，默认为全部。如果设置的项目超过一个，必须以逗号、空格或制表符来分隔开。"hosts allow ＝ 192.168.1.　192.168.2.　127."表示允许来自

192.168.1.*、192.168.2.*和127.*.*.*的主机连接。

另外，也可以采用其他的一些表示方法，如："hosts allow =192.168.1. except　192.168.1.5"表示允许来自 192.168.1.*的所有主机连接，但排除了 192.168.1.5。"hosts allow = 192.168.1.0/255.255.255.0"表示允许来自 192.168.1.0 子网的所有主机连接。"hosts allow = host1,host2"表示允许名字是 host1 和 host2 的主机连接。"hosts allow = @cqcet.cn"表示允许来自 cqcet.cn 网域的所有主机连接。

● printcap name = /etc/printcap

此项是用来设置开机时自动加载的打印机配置文件的名称和路径。

● load printers = yes

表示是否允许打印机在开机时自动加载到浏览列表（Browsing List），以支持客户端的浏览功能，即是否共享打印机。

● printing = cups

此项用来指定打印系统的类型,在一般情况下并不需要修改此项。目前支持的打印系统有：bsd、sysv、plp、lprng、aix、hpux、qnx 和 cups。

● guest account = pcguest

pcguest 为用户名，可去掉前边的";"让用户以 pcguest 身份匿名登录，但要保证/etc/passwd 中有此账号。

● log file = /var/log/samba/%m.log

此项为所有连接到 Samba 服务器的计算机建立独立的记录日志。其默认的保存位置是 /var/log/samba/。

● max log size = 0

此项设置每个记录日志的上限，单位是 KB。默认值为 0，表示没有大小的限制。Samba 服务器会定期检查其上限，如果超过此设置值，就会重新命名此文件，并加上".old" 扩展名。

● security = user

此项指定 Samba 服务器使用的安全等级为 user 级。此处可以用的安全等级有 share、user、server 和 domain 共 4 类。它们的区别，请参看本书稍后的内容。

● password server = <NT-Server-Name>

此项默认不使用，而且只有在上个选项设置为 "security = server" 时才生效。它用来指定密码验证服务器的名称，此处必须使用 NetBIOS 名称，默认是网络中的域控制器。也可以使用"password server=*"的方式自动寻找网络中可用的域控制器。

● password level = 8

这个选项是为了避免 Samba 服务器和客户端之间允许的密码最大位数不同而产生的错误。

● username level = 8

这个选项是为了避免服务器和客户端之间允许的账号最大位数不同而产生的错误。

● encrypt passwords = yes

此项表示是否指定用户密码以加密的形式发送到 Samba 服务器。由于目前 Windows 操作系统都已经使用加密的方式来发送密码，因此建议启用该选项。否则，要更改 Windows 注册表。

● smb passwd file = /etc/samba/smbpasswd

该选项用来指定 Samba 服务器使用的密码文件路径。默认情况下，该文件并不存在，需要用户自己建立。

- ssl CA certFile = /usr/share/ssl/certs/ca-bundle.crt

该选项用来指定包含所有受信任 CA 名称的文件。当需要配置 Samba 服务器支持 SSL 时，必须读取这个文件的内容。在默认情况下，该选项未被启用。

- unix password sync = Yes

当 Samba 服务器密码文件 smbpasswd 中的加密密码内容修改时，要用这个选项来将 Samba 和 UNIX 中的密码进行同步。在默认情况下使用该功能，运行密码同步之后，旧的 UNIX 密码将不能再用于登录系统。

- passwd program = /usr/bin/passwd %u

此选项默认启用，用来指定设置 UNIX 密码的程序，默认值是"/usr/bin/passwd %u"，其中"%u"表示用户的名称。

- passwd chat = *New*password* %n\n *Retype*new*password* %n\n *passwd:*all *authentication*tokens*updated*successfully*

设置用户把 Linux 密码转换为 Samba 服务器密码时，屏幕出现的提示字符串，以及与用户的交互窗口。如果使用默认值，则屏幕上显示如下字符串：

```
New password:
Retype new password:
passwd: all authentication tokens successfully.
```

- pam password change = yes

此项表示可以使用 PAM 来修改 Samba 客户端的密码。PAM 可以允许管理员设置多种验证用户身份的方式，而不需要重新编译用于验证的程序。

- username map = /etc/samba/smbusers

此项指定一个配置文件，在此文件中包含客户端与服务器端用户的对应数据。可以将同一个 UNIX 账号名对应到多个 Samba 账号，账号之间用空格间隔。如果每个客户端用户在 Samba 服务器上都拥有单独的 Samba 账号，则该项不需设置。默认情况下，该选项未启用。

- include = /etc/samba/smb.conf.%m

允许 Samba 服务器使用其他的配置文件，可以方便管理员事先为不同的主机设计合适的配置文件。默认情况下，该选项未启用。

- obey pam restrictions = yes

该选项用来设定是否采用 PAM 账号及会话管理。默认情况下，该选项未启用。

- socket options = TCP_NODELAY SO_RCVBUF=8192 SO_SNDBUF=8192

此选项在编写 TCP/IP 程序时相当重要，可以借此调整 Samba 服务器运行时的效率。使用"man setsockopt"命令可以得到详细的内容。

- interfaces = 192.168.12.2/24 192.168.13.2/24

该选项可以使 Samba 服务器监视多个网络接口。在设置时，等号右边可以使用 IP 地址、网络接口名，或者是 IP/子网掩码的组合。

- remote announce = 192.168.1.255 192.168.2.44

此项允许 NetBIOS 域名服务器定期公布 Samba 服务器的 IP 地址和群组名称到远程的网络或主机。默认情况下，该选项未启用。

● local master = no

此选项表示是否允许 nmbd 担任 Local Master 浏览器的角色，在默认的配置下并不使用此功能。如果设置值为"no"，则 nmbd 将不会成为子网中的 Local Master 浏览器，如果设置值为"yes"，也不是表示 nmbd 一定会是 Local Master 浏览器，而是指 nmbd 将会参加 Local Master 浏览器的选举。

● os level = 33

选项的设置值用来决定 Local Master 浏览器选举时的优先次序，数值越高表示优先次序也越高，一般来说，Samba 服务器都具有很高的优先权，但是在默认的配置下并不使用此功能。

● domain master = yes

使用这个选项后，表示这台 Samba 服务器可担任网络中的 Domain Master 浏览器，它便可以集中来自所有子网的浏览列表。但如果网络中已有域控制器在担任此工作，则不可使用这个选项，以避免发生错误，在默认的配置下并不使用此功能。

● preferred master = yes

使用这个选项后，Preferred Master 可以在 Samba 服务器启动时，强制进行 Local Browser 选择，同时 Samba 也会享有较高的优先级，但在默认配置下并不使用此功能。

● domain logons = yes

这个选项可以决定是否将 Samba 服务器当成 Windows 95 工作站登录时的账号验证主机，默认并不使用此功能。

● logon script = %m.bat

这个选项可以设置主机登录时自动运行的批处理文件。这个文件需符合 DOS 兼容的换行格式，同时也需要先使用"domain logons"选项才可生效，但在默认的配置下并不使用此功能。

● logon script = %U.bat

这个选项可以设置用户登录时自动运行的批处理文件。这个文件需符合 DOS 兼容的换行格式，同时也需要先使用"domain logons"选项才可生效，但在默认的配置下并不使用此功能。

● logon path = \\%L\Profiles\%U

这个选项可以设置用户在登录 Samba 服务器时所使用的个人配置文件（Profile）的位置。默认值中的"%L"表示这台服务器的 NetBIOS 名称，而"%U"是指用户名称，但在默认的配置下并不使用此功能。

● wins support = yes

这个选项可用来决定是否将这台 Samba 服务器当成 WINS 服务器，除非环境中包含多个子网，否则不建议使用。另外，在同一个网络中最多可以使用一台 WINS 服务器，而默认并不使用此功能。

● wins server = w.x.y.z

这个选项可用来设置 WINS 服务器的 IP 地址，而这台 WINS 服务器必须已在 DNS 服务器中登记，在默认的配置下并不使用此功能。注意一点，Samba 服务器可作为 WINS 服务器或 WINS 客户端，但不可同时担任这两种角色。

● wins proxy = yes

这个选项可用来决定是否将此 Samba 服务器当成 WINS 代理，在默认的配置下并不使用此功能。WINS 代理是指代替非 WINS 客户端向 WINS 服务器请求域名解析查询的计算机，因此在每个网段中至少要有一台 WINS 服务器。

● dns proxy = no

该选项可用来决定是否将此 Samba 服务器当成 DNS 代理,默认的配置下并不使用此功能。DNS 代理如果发现尚未注册的 NetBIOS 名称,可以决定是否将由 DNS 得到的名称当成 NetBIOS 名称。

● preserve case = no

该选项可用来决定新建文件时,文件名称大小写是否与用户输入相同,或自己指定,在默认的配置下并不使用此功能。

● short preserve case = no

该选项可用来决定新建文件名符合 DOS 8.3 格式的文件时,文件名是否都用大写,或自己指定,在默认的配置下并不使用此功能。

● default case = lower

该选项可用来决定新建文件时文件名称的大小写,在默认的配置下并不使用此功能。

● case sensitive = no

该选项可用来决定是否将大小写的文件名称视为不同,在默认的配置下并不使用此功能。但如果在 Samba 中,要以中文名称来为资源命名,则此处设置的值必须是"no"。

2)Share Definitions

以下包含许多以中括号([])开头的区域,而每个区域各代表一个共享资源,也就是在 Windows 客户端上启动"网上邻居"时,会出现的共享文件夹,以下将以配置文件中默认的内容来说明配置选项的功能。

● [homes]

当用户请求一个共享时,服务器将在现在的共享资源段中去寻找,如果找到匹配的共享资源段,就使用这个共享资源段。如果找不到,就将请求的共享名看成是用户的用户名,并在本地的 password 文件里找这个用户,如果用户名存在且用户提供的密码是正确的,则以这个 home 段克隆出一个共享提供给用户。这个新的共享的名称是用户的用户名,而不是 home,如果 home 段里没有指定共享路径,就把该用户的主目录(home directory)作为共享路径。

通常的共享资源段能指定的参数基本上都可以指定给[home]段。但一般情况下[home]段有如下配置就可以满足普通的应用。

```
comment = Home Directories        //共享目录的文字描述
browseable = no                   //不允许浏览主目录,即该目录内容只对有权限的用户可见
writable = yes                    //允许用户写入目录
valid users = %S                  //允许访问该目录的用户,%S 表示当前登录的用户
create mode = 0664                //新建文件的缺省许可权限
directory mode = 0775             //新建目录的默认权限
map to guest = bad user
```

当用户输入不正确的账号和密码时,可以利用"map to guest"选项来设置处理的方式,但在使用此选项前,必须将"security"选项设为"user"、"server"或"domain"。可用的设置值如表 12-1 所示。

表 12-1　map to guest 的可选值

设置值	说明
never	拒绝访问,该项最安全
bad user	如果输入的用户名正确,但密码错误,允许以 guest 身份访问
bad password	如果输入的用户名和密码都错误,仍然允许以 guest 身份访问

注意：如果在[home]段里加了"guess access = ok"，所有的用户都可以不要密码就能访问所有的主目录！

- [netlogon]

```
comment = Network Logon Service          //共享目录的文字描述
path = /usr/local/samba/lib/netlogon      //共享目录的本机路径
guest ok = yes                            //连接时不需要输入密码
writable = no                             //不允许写入共享目录
share modes = no                          //是否允许目录中的文件在不同的用户之间共享
```

- [profiles]

```
path = /usr/local/samba/profiles          //共享目录的本机路径
browseable = no                           //是否允许浏览目录
guest ok = yes                            //连接时是否需要密码
```

- [printers]

该段用于提供打印服务。如果定义了[printers]这个段，用户就可以连接/etc/printcap 文件里指定的打印机。

当一个连接请求到来时，smbd 去查看配置文件 smb.conf 里已有的段，如果和请求匹配就用那个段，如果找不到匹配的段，但[home]段存在，就用[home]段。否则请求的共享名就被当作是个打印机共享名，然后去寻找适合的 printcap 文件，看看请求的共享名是不是有效的打印共享名，如果是就克隆出一个新的打印机共享提供给客户。

```
comment = All Printers           //共享打印机的文字描述
path = /var/spool/samba          //假脱机目录所在的位置
browseable = no                  //不允许浏览与打印服务相关的假脱机目录
public = yes                     //所有用户可以访问共享资源
guest ok = no                    //连接共享资源时不需要输入密码
writable = no                    //不允许写入与打印服务相关的假脱机目录
printable = yes                  //实现打印共享
```

注意：实现打印共享的配置段中，必须是"printable = yes"，如果指定为其他，则服务器将拒绝加载配置文件。通常，公共打印机的打印队列路径应该是任何人都有写入的权限。

另外，public=yes 或 no 都不是针对限定用户的，而是针对未限定的用户。设置成 yes 就是所有的用户都能够访问，no 就是仅限于限定的用户能够访问。

- [tmp]

```
comment = Temporary file space   //共享资源的文字描述
path = /tmp                      //共享资源的本机路径
read only = no                   //不只是允许读取
public = yes                     //所有用户都可以访问共享资源
```

- [public]

```
comment = Public Stuff           //共享资源的文字描述
path = /home/samba               //共享资源的本机路径
public = yes                     //所有用户都可以访问共享资源
writable = yes                   //目录允许写入
printable = no                   //不允许打印共享
write list = @staff              //拥有写入权限的用户或群组（以@开头表示）
```

另外，要让 Samba 服务器使用主机名能够正确地访问到相关的其他主机，如提供客户端身份验证的另一台服务器，还必须修改/etc/samba/lmhost 文件。该配置文件的唯一功能是提供主机名与

IP 地址的对应关系，应该将网络中所有和 Samba 服务器有关的主机名与 IP 地址的对应关系都记录到里面，每条记录占用一行。默认情况下，该文件的内容只有一条记录"127.0.0.1 localhost"。

（6）Samba 服务器的安全等级

smb.conf 配置文件的"security"选项可以设置 Samba 服务器的安全性等级，直接影响客户端访问服务器的方式，是配置中最重要的项目之一。在 Samba 服务器中，共分为 4 种安全级别，分别如下：

1）share 安全性等级

当客户端连接到具有 Share 安全性等级的 Samba 服务器时，不需要输入账号和密码等数据，就可访问主机上的共享资源，这种方式是最方便的连接方式，但是却无法保障数据的安全性。

其实在此安全性等级中，用户并非不需要任何的账号和密码就可登录，而是 smbd 会自动提供一个有效的 UNIX 账号来代表客户端身份，这个原理就和 Web 服务器及 FTP 服务器上的"匿名"（anonymous）访问相同。为了提供客户端有效的 UNIX 账号，smbd 会自动决定最适合客户端的账号，并将这些可用的账号列成表，来满足不同用户的需求。

2）user 安全性等级

在 Samba 2.2 中默认的安全性等级是"user"，它表示用户在访问服务器的资源前，必须先用有效的 Samba 账号和密码进行登录，如图 12-4 所示。在服务器尚未成功验证客户端的身份前，可用的资源名称列表并不会发送到客户端上。在此模式中，通常使用加密的密码，来提高验证数据传送的安全性。

图 12-4　Samba 服务器登录

应该特别注意的是，Samba 服务器与 Linux 操作系统使用不同的密码文件，所以无法以 Linux 操作系统上的账号密码数据登录 Samba 服务器。所以，应该自己建立原来在"smb passwd file"选项中指定的/etc/samba/smbpasswd 文件。

建立 Samba 密码文件并不需要手动地输入数据，只要先以管理员的账号登录 Linux 系统，然后利用名为"mksmbpasswd.sh"的 Script 程序，来读取 Linux 操作系统使用的密码文件（/ete/passwd），最后再转换成 Samba 密码文件即可。建立 Samba 密码文件的方法如下：

　　[root@localhost root]# cat /etc/passwd　| mksmbpasswd.sh > /etc/samba/smbpasswd

```
[root@localhost root]# ls  -l  /etc/samba/smbpasswd
-rw-r--r--    1 root       root         3978  7 月  30 00:11 /etc/samba/smbpasswd
```

在 Samba 密码文件建立后，接下来的工作就是利用 smbpasswd 命令来设置 Samba 密码文件中每个 Samba 用户对应的密码。因此，该命令可以将已经存在的 Linux 系统登录账号转变为 Samba 用户账号，这里以用户 root 为例。

```
[root@localhost root]# smbpasswd   root          //生成 root 的 Samba 服务器登录密码
New SMB password:
Retype new SMB password:
Password changed for user root.
Password changed for user root.
```

如果是添加新的用户，这时必须首先确保要添加的用户名在/etc/passwd 文件中存在，否则将有"Failed to find entry for user xxxx"的提示信息出现。因此，要先使用 useradd 命令添加该账号为 Linux 系统登录账号，然后再用 smbpasswd 命令将其设置为 Samba 账号。smbpasswd 常用的命令格式是："smbpasswd [选项] [用户名]"。其中，常用的选项及其含义如表 12-2 所示。从表可知，该命令还可以对 Samba 账号进行管理和维护。

表 12-2　smbpasswd 的主要选项及作用

选项	作用
-a	添加 Samba 用户账号
-x	删除 Samba 用户账号
-d	关闭、停用 Samba 用户账号
-e	开放 Samba 用户账户
-h	显示该命令的帮助

```
[root@localhost root]# smbpasswd    zhl            /
New SMB password:
Retype new SMB password:
build_sam_account: smbpasswd database is corrupt!    usernamezhlnot in unix passwd database!
Failed to find entry for user zhl.
Failed to modify password entry for userzhl
[root@localhost root]# useradd zhl
[root@localhost root]# smbpasswd   -a   zhl
New SMB password:
Retype new SMB password:
Added user zhl.
[root@localhost root]# smbpasswd   -d   zhl
Disabled user zhl.
[root@localhost root]# smbpasswd   -e   zhl
Enabled user zhl.
[root@localhost root]# smbpasswd   -x   zhl
Deleted user zhl.
```

3）server 安全性等级

如果使用，用户在访问服务器资源前，同样也须先用有效的账号和密码进行登录，但是客户端身份的验证会由另一台服务器负责。因此，在设置 server 安全性等级时，必须同时指定"password server"选项。如果验证失败，服务器会自动将安全性等级降为"user"，如果使用加密码，Samba

服务器将无法反向检查原有的 UNIX 密码文件，所以必须指定另一个有效的 smbpasswd 文件来进行客户端的身份验证。因此，应该设置 smb.conf 文件中的以下选项：

```
security = server                        //设置 Samba 服务器使用 server 安全性等级
password server = <NT-Server-Name>       //设置 Samba 服务器的 NetBIOS 计算机名
smb passwd file = /etc/samba/smbpasswd   //SMB 服务器使用的密码文件路径
```

4）domain 安全性等级

如果目前的网络结构为网域（Domain）而不是工作组（Workgroup），这时可以使用 domain 安全性等级，以将 Samba 服务器加入现有的网域中。也就是说，不担任账号与密码的验证工作，而是由网络中的域控制器（Domain Controller，DC）统一处理。

要将 Samba 服务器加入现有的网域，可以使用以下的指令格式：

```
[root@localhost root]#smbpasswd  -j   Samba 主机名   -r   DC
```

在运行以上的指令后，还需要修改 smb.conf 文件中[global]部分的以下配置选项：

```
workgroup = domain_name      //指定 Samba 服务器要加入的网域
security = domain            //设置 Samba 服务器使用的安全性等级为 domain
password server = DC         //指定进行身份验证的网域控制器名
```

（7）Samba 服务器的配置

下面以实例的方法，说明 Samba 服务器的配置方法。在某局域网中，当前 Linux 主机的 NetBIOS 名称为 localhost，主机所在的工作组为 WORKGROUP，现在想在该 Linux 主机上创建目录/var/work，并使用 Samba 服务器进行共享，使得客户机上所有用户都可以通过 Samba 服务匿名访问该目录，无须输入任何账号与口令，并且对该目录拥有可读可写的权限。配置过程如下：

1）创建目录共享目录

执行命令 "rmdir -m 777 /var/work"，创建目录/var/work 并设置其权限对所有用户都是可读、可写、可执行。

2）编辑配置文件

使用文本编辑程序（如 vi）修改配置文件/etc/samba/smb.conf，确保里面的相关设置设定为如下内容，其他各项使用默认设定值即可。

```
[global]                                         //设置全局配置
workgroup = MYGROUP                              //设定工作组名称
server string = Samba Server                     //对该主机的注释
security = share                                 //必须设定为 share 级，否则无法匿名登录
netbios name = localhost                         //设定在网络中的主机名
[work]                                           //设置共享目录
comment = A publicly accessible directory !      //共享目录的注释
path = /var/work                                 //共享资源的路径
writable = yes                                   //允许写入目录
guest ok = yes                                   //连接时不需要密码
public = yes                                     //所有未指定用户都可以访问
```

3）语法查错

使用 Samba 安装后包含的工具——testparm 来测试 smb.conf 配置文件内的语法是否正确。如果设置时的语法都正确，那么在运行 testparm 程序后，系统会出现以下提示：

```
[root@localhost root]# testparm
Load smb config files from /etc/samba/smb.conf
Processing section "[homes]"
Processing section "[printers]"
```

Processing section "[work]"
Loaded services file OK.
Press enter to see a dump of your service definitions

在出现以上信息后，如果想查看详细的 smb.conf 配置文件内容，可以按 Enter 键，系统就会出现所有的选项设置。

测试的结果正常，也不保证 Samba 服务器就一定可以正常运行，因为这个程序仅针对语法来进行测试。

4）重新启动 Samba 服务器

执行"service smb restart"命令重新启动 Samba 服务器进程，使得修改后的配置文件生效。

5）访问 Samba 服务器

在 Windows 客户端上，双击"我的电脑"打开文件浏览器，然后在地址栏中输入"\\Samba 服务器名称或 IP"，回车后在窗口中将看到 Samba 服务器上的共享资源，如图 12-5 所示。双击共享目录 work 的图标，不用输入用户名和密码即可进入共享目录，进行权限许可范围内的各种操作。

图 12-5　从 Windows 访问 Samba 服务器

在 Linux 客户端上，双击用户主目录图标，打开文件浏览器，然后在地址栏中输入"smb://Samba 服务器名称或 IP"，在窗口中将看到 Samba 服务器上的共享资源，如图 12-6 所示。双击共享目录 work 的图标，不用输入用户名和密码即可进入共享目录，进行权限范围内的相关操作。

图 12-6　从 Linux 访问 Samba 服务器

（8）图形界面下配置 Samba 服务器

对于初学用户，也可以在图形界面下配置 Samba 服务器。图形界面的配置虽然简单、直观，但对于某些高级选项，图形界面下的配置工具并不能很好实现。因此，要想对 Samba 服务进行精细化的管理，还是要采取直接编辑配置文件的方法实现。

依次单击"主菜单"→"系统设置"→"服务器设置"→"Samba 服务器"菜单，或者直接执行"redhat-config-Samba"命令，系统会自动弹出如图 12-7 所示的"Samba 服务器配置"窗口。

1）配置基本和安全性选项

第一步是配置服务器的基本选型和安全选项。在图 12-7 所示界面中，选择"首选项"→"服务器设置"，打开"服务器设置"窗口，选择"基本"选项卡，如图 12-8 所示。

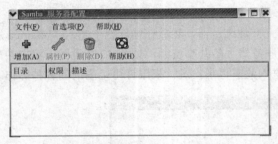

图 12-7 "Samba 服务器配置"窗口

图 12-8 "基本"选项卡

在"基本"选项卡上，指定计算机所属的工作组及计算机的简短描述。它们分别与配置文件 smb.conf 中的 workgroup 和 server string 选项相对应。

在"安全性"选项卡中，可以分别对验证模式、验证服务器、是否加密口令，以及来宾账号进行设置，如图 12-9 所示。它们分别与 smb.conf 中的 security、password server、encrypt passwords 和 guest account 选项相对应。

2）管理 Samba 用户

Samba 服务器配置工具要求在添加 Samba 用户前，在充当 Samba 服务器的 Red Hat Linux 9 系统上必须存在一个活跃的用户账号。Samba 用户和这个 Linux 用户账号相关联。

要添加 Samba 用户，可以在图 12-7 中选择"首选项"→"Samba 用户"，然后单击"添加用户"按钮，弹出图 12-10 所示的"创建新 Samba 用户"对话框。

图 12-9 "安全性"选项卡

图 12-10 创建新 Samba 用户

在"创建新 Samba 用户"窗口中，从本地系统上的现存用户列表中选择"UNIX 用户名"用来将其转换为 Samba 用户，如果用户想从 Windows 机器上登录并且使用一个不同的名字，就需要在

"Windows 用户名"中指定 Windows 用户名。还需要为 Samba 用户配置一个 Samba 口令，并再输入一次来确认这个口令。即便选择了为 Samba 使用加密口令，仍建议为所有用户设置的 Samba 口令不同于他们的 Linux 系统登录口令。

另外，"服务器设置"窗口"安全性"选项卡上的"验证模式"必须被设置为"用户"，才能使这里的设置在访问 Samba 服务器时有效。

要编辑某个现存的 Samba 用户，可以从 Samba 用户列表中将其选中，然后单击"编辑用户"按钮。要删除某个现存的 Samba 用户，先选择这个用户，然后单击"删除用户"按钮。需要注意的是，删除 Samba 用户并不会删除与其相关的 Linux 用户。

3）添加共享目录

要添加共享目录，可在图 12-7 所示界面中单击"添加共享"按钮，打开"创建 Samba 共享"窗口，在"基本"选项卡中配置以下选项，如图 12-11 所示。

①"目录"：通过 Samba 服务器共享的目录。这个目录必须存在，这里配置为"/home/zhl/share"。

②"描述"：是对共享资源的简短描述，可以设置也可以不设置。

③在"描述"下面是用户访问该共享的基本权限，设置用户能读写共享目录中的文件还是仅仅只能读取。

在"访问"选项卡上，设置仅允许指定的用户访问还是允许所有的用户访问。如果选择"只允许指定用户的访问"，就从用户列表中选定用户，如图 12-12 所示。"基本"选项卡和"访问"选项卡设置完毕后，单击"确定"按钮，共享就被添加。成功添加共享目录后的"Samba 服务器配置"窗口如图 12-13 所示。选中窗口中某一个共享项，还可以将其删除或修改其属性。修改后的设置，要重启 Samba 服务后才能生效。

图 12-11　"基本"选项卡

图 12-12　"访问"选项卡

图 12-13　添加共享后的"Samba 服务器配置窗口"

2．NFS 服务器

（1）NFS 概述

Samba 服务器主要用来解决 Windows 与 Linux 之间的资源共享，那么 Linux 与 Linux 之间的资源共享又如何实现呢？实际上，也可以使用 Samba 服务器，不过这里将介绍另外一种更为便捷的服务——NFS。

NFS（Network File System，网络文件系统）是由 Sun 微系统公司（Sun Microsystem，Inc）于 1984 年推出的一个 RPC（Remote Procedure Call，远程过程调用）服务系统，它使 Linux、UNIX 系统之间能够共享文件，类似 Windows 系统中的资源共享。

NFS 是基于客户端/服务器模式工作的。输出文件的计算机称为 NFS 服务器，而 NFS 客户端是访问文件的计算机。NFS 服务器上的目录被远程用户访问的过程叫"导出（export）"，客户端访问服务器则被称为"导入（import）"。

客户端和服务器通过 RPC 通信，当客户端上的应用程序访问远程文件时，客户端内核向远程 NFS 服务器发送一个请求，等待服务器响应，而 NFS 服务器一直处于等待状态，如果接收到客户端请求，就处理请求并将结果返回客户端。

当用户想使用远程文件时要使用 mount 命令把远程文件系统挂载到本地文件系统下，挂载后就像使用本地计算机上的文件一样。这样做可以使网络中的不同主机直接访问同一个文件，而不必在每台主机上都维护一个副本。

NFS 服务器是由一组守护进程在后台运行的，用以完成服务器的功能。4 个服务器守护进程如下：

1）inted：网络服务进程，启动 inted.conf 配置文件所设置的网络服务，应答客户端的网络服务请求。

2）portmap：将 TCP/IP 通信协议端口数字转化为 RPC 程序数字，使客户端能够进行 RPC 调用。

3）nfsd：NFS 服务守护进程，启动文件系统请求服务，响应客户端对文件系统的请求。

4）mountd：负责响应远程客户端的安装请求。

（2）NFS 服务器安装

在 Red Hat Linux 9 安装时，可以选择安装 NFS 服务器，其内置的 NFS 服务器版本为 nft-utils-1.0.1-2.9，如果不知道是否已经安装了此版本的软件，可以使用以下的方法判断：

```
[root@localhost root]# rpm   -qa |grep   nfs
redhat-config-nfs-1.0.4-5        //Linux 图形界面下的 NFS 配置工具，选装
nfs-utils-1.0.1-2.9
```

如果看到上面的结果，则表示该软件已经安装。否则，可以找出第一张安装光盘，redhat-config-nfs-1.0.4-5.rpm 和 nfs-utils-1.0.1-2.9.rpm 软件包都在 RedHat/RPMS 目录的下面。可以使用下面的命令进行安装：

```
[root@localhost dhcp]# mount   /mnt/cdrom
[root@localhost dhcp]# cd   /mnt/cdrom/Red Hat/RPMS
[root@localhost root]# rpm   -ivh   nft-utils-1.0.1-2.9.i386.rpm
[root@localhost root]# rpm   -ivh   redhat-config-nfs-1.0.4-5.i386.rpm
```

（3）NFS 服务器的启停

NFS 服务器也可以像前面介绍的其他服务器一样，采用同样的几种方法进行启动、关闭，或者设置自动启动等操作。下面仅以 service 和 chkconfig 命令来说明。

1）使用 service 命令

NFS 服务器需要 portmap 服务的配合，所以需要先启动 portmap 服务，再启动 nfs 服务。

```
[root@localhost root]# service   nfs   status
rpc.mountd   已停
```

```
nfsd    已停
rpc.rquotad    已停
[root@localhost root]# service    portmap    start
启动  portmapper:                          [    确定    ]
[root@localhost root]# service    nfs    start
启动  NFS  服务:                           [    确定    ]
Starting NFS quotas:                       [    确定    ]
启动  NFS  守护进程:                       [    确定    ]
启动  NFS  mountd:                         [    确定    ]
```

2）使用 chkconfig 命令

若要系统每次启动时自动开启 NFS 服务，可以使用 chkconfig 命令，下面的例子表示在系统进入第 3 和第 5 个级别时自动开启 portmap 和 NFS 服务。

```
[root@localhost root # chkconfig    --level    35    portmap    on
[root@localhost root # chkconfig    --level    35    nfs    on
[root@localhost root # chkconfig    --list    portmap
portmap        0:关闭   1:关闭   2:关闭   3:启用   4:启用   5:启用   6:关闭
[root@localhost root # chkconfig    --list    nfs
nfs            0:关闭   1:关闭   2:关闭   3:启用   4:关闭   5:启用   6:关闭
```

（4）NFS 服务器的配置

NFS 只有一个配置文件/etc/exports，该文件在默认情况下只允许 root 用户更改，当 NFS 启动时会自动读取该文件中的配置，向网络中的其他 Linux 主机共享资源。默认该文件为空，共享文件时，可以按照如下语法添加内容。

/etc/exports 文件中的每一行代表一个不同的共享资源，用户可以根据情况自行设定。其语法格式为："[共享目录]［客户机 1（选项 1,选项 2…）］[客户机 2（选项 1,选项 2…）]"。

1）共享目录：要导出的文件系统或目录名称，也就是要共享给客户机使用的目录，该目录必须是绝对路径。

2）客户机：同一共享目录可以针对不同的客户机设置不同的参数，客户机可以是 IP 地址也可以是 NetBIOS 主机名。需要注意的是，这些主机名必须是在/etc/hosts 文件中已经定义过的。否则，NFS 系统可能会无法找到指定名称的主机。

3）选项：用于设置 NFS 客户机使用导出目录的权限，这些选项分为性能选项和安全选项，数量众多。限于篇幅，下面仅简单介绍几个常用的选项。

①rw：读/写权限，只读权限的参数为 ro。

②sync：数据同步写入内存和硬盘，也可以使用 async，此时数据会先暂存于内存中，而不立即写入硬盘。

③root_squash：登录 NFS 主机使用共享目录的用户如果为 root，那么这个用户的权限将被压缩为匿名用户，通常他的 UID 与 GID 都会变成 nobody 系统账号的身份。

④no_root_squash：NFS 服务器共享目录用户的属性，如果用户是 root 用户，那么对于这个共享目录来说就具有 root 用户的权限。这个参数非常不安全，建议不要使用。

⑤all_squash：不论登录 NFS 的用户身份为何，该身份都会变成 nobody，也就是匿名用户。

下面是一个共享两个目录/home/work 和/tmp 的 NFS 服务器配置实例。这时，需要在/etc/exports 文件中增加两行。

```
/tmp    localhost（rw,sync）  *（ro,sync）
```

表示名称为 localhost 的主机对共享目录/tmp 有读写的权限，其他所有主机对共享目录/tmp 的权限是只读。

/home/work　　192.168.0.*（rw,sync,no_root_squash）

表示允许 IP 地址范围在"192.168.0.*"的所有计算机以读写的权限来访问/home/work 目录。

（5）维护共享目录列表

当修改了/etc/exports 文件的内容后，要想让新的配置文件生效，可以重新启动 NFS 服务。实际上，也可以在不重新启动 NFS 服务的情况下，直接使用命令 exportfs 命令使新的设置立即生效。

exportfs 命令是用来维护 NFS 服务的输出目录列表的，命令的基本格式是："exportfs [选项]"，该命令的选项如表 12-3 所示。

表 12-3　exportfs 命令的选项及含义

选项	作用
-a	输出在文件/etc/exports 中设置的所有共享目录
-r	重新读取/etc/exports 文件中的设置，并使设置生效，而不需要重新启动 NFS 服务
-u	停止输出某一目录
-v	显示 exportfs 命令执行的过程

```
[root@localhost root]# more   /etc/exports
/tmp   localhost（rw,sync）  * (ro,sync)
[root@localhost root]# vi    /etc/exports
/tmp   localhost（rw,sync）  * (ro,sync)
/home/work   192.168.0.*（rw,sync,no_root_squash）       //增加该行，保存、退出 vi
[root@localhost root]# exportfs              //不带选项时，显示 NFS 服务器当前的输出目录
/tmp              localhost
/tmp              <world>
[root@localhost root]# exportfs    -rv
exporting localhost:/tmp
exporting 192.168.0.*:/home/work
exporting *:/tmp
reexporting localhost:/tmp to kernel
[root@localhost root]# exportfs
/tmp              localhost
/home/work        192.168.0.*
/tmp              <world>
```

（6）图形界面下配置 NFS 服务器

除直接编辑配置文件/etc/exports 外，也可以使用图形界面下的配置工具配置 NFS 服务器。图形界面下的配置虽然简单、直观，但对于某些高级选项，图形界面并不能够实现。

依次单击"主菜单"→"系统设置"→"服务器设置"→"NFS 服务器"菜单，或者直接在终端中执行"redhat-config-nfs"命令，系统会自动弹出如图 12-14 所示的"NFS 服务器配置"窗口。

在"NFS 服务器配置"窗口中，单击"增加"按钮➕，将弹出"添加 NFS"共享窗口，其中包含 3 个选项卡，即"基本"、"常规选项"和"用户访问"。以下分别说明这些选项卡中的选项。

1）"基本"选项卡

如图 12-15 所示，在"基本"选项卡中包含的是 NFS 共享目录最重要的选项。其中，"目录"用来指定共享目录的绝对路径；"主机"用来指定 NFS 服务器的主机名称或别名；"基本权限"用

来设置此共享目录的默认访问权限，可以使用的选项是"只读"或"读/写"。

图 12-14　"NFS 服务器配置"窗口

2）"常规选项"选项卡

在"常规选项"选项卡中，包含的是 NFS 共享目录较高级的设置，在一般情况下并不需要修改此处的内容，如图 12-16 所示。以下是这些选项的说明：

①允许来自高于 1024 的端口的连接：在默认的情形下，NFS 只允许使用小于 1024 的连接端口进行连接，如果要开放大于 1024 的连接端口连接，需选择此项。

图 12-15　"基本"选项卡

图 12-16　"常规选项"选项卡

②允许不安全的文件锁定：为了兼容较早版本的 NFS 服务器，因为它们并不支持文件锁定的功能。

③禁用子树检查：通常在客户端请求共享目录中的文件时，NFS 服务器不仅会检查客户端对此文件的访问权限，还会检查该共享目录所在的整个文件系统，属于中等的安全性设计。在选择此选项后，NFS 服务器将会停用此类的检查。

④按要求同步写操作：这个选项与"sync"选项的功能相同，如果不使用此功能，在运行"exportfs"命令时会出现警告信息。

⑤立即强制同步写操作：立即将修改后的信息同步写入磁盘中。

3）"用户访问"选项卡

在"用户访问"选项卡中，包含的是客户端在访问 NFS 共享目录时的安全性设置，如图 12-17 所示。以下是这些选项的说明：

图 12-17　"用户访问"选项卡

①把远程根用户当作本地根用户：与"no_root_squash"选项相同，但为了提高安全性，并不建议使用此项设置。

②把所有客户用户当作匿名用户：与"all_squash"选项相同，为了提高安全性，建议使用此项设置。

③为匿名用户指定本地用户 ID：除非使用"把所有客户用户当作匿名用户"选项，否则无法选择此项设置，同时必须在"用户 ID"字段中输入匿名用户所使用的本机用户 ID。

④为匿名用户指定本地组群 ID：除非使用"把所有客户用户当作匿名用户"选项，否则无法选择此项设置，同时必须在"组群 ID"字段中输入匿名用户所属的本机组群 ID。

将上述 3 个选项卡按照实际需要设置后，单击"确定"按钮，新添加的共享就会出现在图 12-14 所示的"NFS 服务器配置"窗口中。如果要针对某一共享目录进行修改，首先选择此共享目录名称，然后单击上方工具栏中的"属性"按钮，系统会出现上面所讲的"NFS 共享"窗口，可以对相应的设置进行修改。修改后的设置将在 NFS 服务重启后生效。

（7）NFS 客户机连接

在 NFS 服务器设置完成后，客户端就可以依据本身所拥有的权限来访问服务器上的共享资源，并且将远程共享目录安装到本机的文件系统中。下面将讨论有关客户端连接时的内容。

1）查看 NFS 服务器上的共享资源

客户端如果要查看 NFS 服务器上的共享资源，可以使用 NFS 软件包中的"showmount"命令。实现该功能的命令格式是："showmount -e [NFS 服务器]"。

```
[root@localhost root]# showmount  -e    10.10.10.254
Export list for 10.10.10.254:
/home/work 192.168.0.*
/tmp          （everyone）
[root@localhost root]# showmount  -e    10.10.10.1
mount clntudp_create: RPC: Port mapper failure - RPC: Unable to receive
```

如果指定的主机没有提供 NFS 服务，或 NFS 服务还没有启动，在执行该命令后将显示"mount clntudp_create: RPC: Port mapper failure - RPC: Unable to receive"的提示信息。如果在命令中没有指定 NFS 服务器，则默认 NFS 服务器是本机。

2）安装共享资源到客户机

在利用 showmount 命令得知远程 NFS 服务器上的共享资源后，接下来就是进行实际的安装工作，在此使用"mount"命令，其格式是："mount NFS 服务器:共享目录 本机安装目录"。如果已经不再需要访问共享目录，可以使用"umount"命令来卸载已经挂载到本地的远程目录。

以下的范例将把 NFS 服务器（localhost）上的共享目录（/home/work）挂载到客户机上的/mnt/nfs 目录。但是在挂载前，必须先确定客户端对共享目录有足够的访问权限，并且在本机上已经提前建立了用于挂载的目录。

```
[root@localhost root]# mkdir   /mnt/nfs  -v          //创建远程共享目录的本地挂载点
mkdir: 已创建目录 '/mnt/nfs'
[root@localhost root]# ls   /mnt/nfs
[root@localhost root]# mount   10.10.10.254:/tmp   /mnt/nfs
[root@localhost root]# ls   /mnt/nfs                //查看 NFS 服务器共享出来的文件
evolution   orbit-root   ssh-XXrmBbob
[root@localhost root]# umount   /mnt/nfs            //卸载挂载的远程共享目录
[root@localhost root]# ls   /mnt/nfs
```

```
[root@localhost root]# mount    10.10.10.254:/home/work    /mnt/nfs
mount: 10.10.10.254:/home/work failed, reason given by server: 权限不够
```

【任务实施】

1．Samba 服务器配置

（1）检查是否安装 Samba 相关软件包

```
samba-client-2.2.7a-7.9.0
samba-common-2.2.7a-7.9.0
redhat-config-samba-1.0.4-1
samba-2.2.7a-7.9.0
```

如未安装，请从光盘安装。

（2）建立 Samba 用户

```
useradd samba_user
```

（3）redhat-config-samba 配置服务器

1）进入配置界面选择"首选项"→"Samba 用户"→"添加用户"。

2）选择你已建立的 Samba 用户并设置 Windows 用户名和登录密码

3）确认后回到主界面选择"文件"→"共享"。

4）设置共享目录、描述和权限。

5）选择"访问"选项卡，指定访问用户。

6）确认后退出。

（4）测试

1）进入 Windows 系统选择"开始"→"运行"→输入：\\<samba-server-ip>。

samba-server-ip 是你配置的 Samba 服务器 IP 地址。

2）填写登录名、密码后访问共享文件

2．NFS 服务器配置

（1）使用 rpcinfo 检查 portmap 服务是否启动

portmap 服务负责管理 NFS 服务的端口映射，必须先启动。

```
[root@localhost root]# rpcinfo –p
程序          版本      协议       端口
100000       2        tcp        111         portmapper
100000       2        udp        111         portmapper
100024       1        udp        32768       status
100024       1        tcp        32768       status
…
```

//表示 portmap 服务已启动，否则用[root@localhost root]# service portmap restart 启动 portmap 服务

（2）配置 NFS 服务

在 192.168.165.222 主机上编辑 NFS 服务器的配置文件，内容如下：

```
/home/tmp 192.168.165.*(rw,sync,no_root_squash)
```

（3）新建或修改 at.allow 文件

```
[root@localhost root]#vi /etc/at.allow
```

内容如下：

```
        192.168.165.*    localhost
```

（4）准备共享目录

```
[root@localhost root]# mkdir /home/tmp
[root@localhost root]# chmod 777 /home/tmp
```

（5）启动 NFS 服务

```
[root@localhost root]# service nfs restart
```

（6）在 192.168.165.128 主机上使用 showmount 命令查看 NFS 共享

```
[root@localhost root]# showmount -e 192.168.165.222
```

（7）在 192.168.165.128 主机上创建挂载点

```
[root@localhost root]# mkdir -p /mnt/nfs
```

（8）使用 mount 命令挂载 NFS 共享目录

```
[root@localhost root]# mount 192.168.165.222:/home/tmp /mnt/nfs
```

（9）查看当前挂载情况

```
[root@localhost root]# mount
```

（10）编辑配置文件/etc/fstab 设置系统启动时自动挂载 NFS 共享目录。在/etc/fstab 文件中添加一行：

```
192.168.165. 222：/home/tmp /mnt/nfs nfs defaults 0 0
```

（11）客户端对 NFS 共享资源访问

```
[root@localhost root]# ls /mnt/nfs
```

3．DNS 等服务器的配置参照相关书籍完成

本项目主要介绍了 Red Hat Linux 9 中常用服务器，包括 Samba、NFS、httpd、DNS、DHCP 等服务器的原理、安装、启动与配置方法。

通过本任务的学习，使学生掌握 Samba、NFS、httpd、DNS、DHCP 等服务器的安装、启动与配置。

【任务检测】

1．是否正确配置了 Samba。
2．是否正确配置了 NFS。

【任务拓展】

1．查找 Red Hat Linux 9 中 Apache 服务器配置的资料，学习配置 Apache。
2．查找 Red Hat Linux 9 中 DNS 服务器配置的资料，学习配置 DNS。
3．查找 Red Hat Linux 9 中 DHCP 服务器配置的资料，学习配置 DHCP。

思考与习题

一、填空题

1．在启动 NFS 服务器之前，一定要先启动_____服务，否则 NFS 不能成功启动。

2．Samba 服务守护进程是 Samba 的核心，时刻侦听网络的文件和打印服务请求，该进程的名字是_____。

3．DNS 服务器的正向解析用于实现从_____到_____的转换。

4. _____服务器用来实现给网络的客户端自动分配 IP 地址。_____是指一个域名下的所有主机和子域名都被解析成同一个 IP 地址。

5. 能让 Windows 主机访问 Linux 系统中共享文件的服务器是_____。

二、判断题

1. NFS 服务器不能实现 Windows 和 Linux 主机之间的文件共享。（　　）

2. Samba 服务器与 Linux 操作系统使用不同的密码文件，所以无法以 Linux 用户的系统登录密码登录 Samba 服务器。（　　）

3. DHCP 服务器只能给和服务器同在一个网段的主机自动分配 IP 地址。（　　）

4. 使用图形化的配置工具对服务器进行配置不但方便，还可以对服务器实现更精细化的管理。（　　）

5. 所有的 Linux 服务器都可以通过直接修改配置文件的方法实现配置。（　　）

三、选择题

1. 使用 Samba 服务器，一般来说，可以提供（　　）。
    A．域名服务　　　　　　　　　　B．文件服务
    C．打印服务　　　　　　　　　　D．IP 地址解析

2. 在使用 Samba 服务时，由于客户机查询 IP 地址不方便，可能需要管理员手工设置（　　）文件。
    A．smb.conf　　　　　　　　　　B．lmhosts
    C．fstab　　　　　　　　　　　　D．mtab

3. 一个完整的 smb.conf 文件中关于 Linux 打印机的设置条目有（　　）。
    A．browseable　　　　　　　　　B．public
    C．path　　　　　　　　　　　　D．guest ok

4. Samba 所提供的安全级别包括（　　）。
    A．share　　　　　　　　　　　B．user
    C．serve　　　　　　　　　　　D．domain

5. Samba 服务器的默认安全级别是（　　）。
    A．share　　　　　　　　　　　B．user
    C．server　　　　　　　　　　　D．domain

6. 可以通过设置条目（　　）来控制可以访问 Samba 共享服务的合法主机名。
    A．allowed　　　　　　　　　　B．hosts valid
    C．hosts allow　　　　　　　　　D．public

7. 下列（　　）命令允许修改 Samba 用户的口令。
    A．passwd　　　　　　　　　　B．mksmbpasswd
    C．password　　　　　　　　　　D．smbpasswd

8. Samba 后台的两个核心进程是（　　）。
    A．smbd 和 nmbd　　　　　　　　B．inetd 和 smbd
    C．inetd 和 httpd　　　　　　　　D．nmbd 和 inetd

9. 要检查当前 Linux 系统是否已经运行了 DNS 服务器，以下命令中正确的是（　　）。

    A. rpm - q | grep dns   B. rpm -q bind

    C. ps -aux | grep bind   D. ps -aux | grep named

10. 若使用 vsftpd 的默认配置，使用匿名账户登录 FTP 服务器，所处的目录是（　　）。

    A. /home/ftp   B. /var/ftp

    C. /home   D. /home/vsftpd

11. 若要设置 Web 站点根目录的位置，应在配置文件中通过（　　）配置语句来实现。

    A. ServerRoot   B. ServerName

    C. DocumentRoot   D. DirectoryIndex

12. 若要设置网页默认使用的字符集为简体中文，则应在配置文件中添加（　　）配置项。

    A. DefaultCharset GB2312   B. AddDefaultcharset GB2312

    C. DefaultCharset ISO-8859-1   D. AddDefaultCharset GB5

13. 若要设置 Apache 服务器允许持续连接，则设置命令为（　　）。

    A. KeepAlive On   B. KeepAliveTimeout 10

    C. MaxKeepAliveRequests 100   D. KeepConnect On

14. 设置站点的默认主页，可在配置文件中通过（　　）配置项来实现。

    A. RootIndex   B. ErrorDocument

    C. DocumentRoot   D. DirectoryIndex

四、综合题

1. vsftpd 是 Red Hat Linux 9 中默认采用的 FTP 服务器程序，其主要的配置文件有 3 个：/etc/vsftpd.ftpusers、/etc/vsftpd.user_list 和 /etc/vsftpd/vsftpd.conf。现在其主配置文件 /etc/vsftpd/vsftpd.conf 中有如下的设置：

```
anonymous_enable=YES
local_enable=YES
write_enable=YES
local_umask=022
dirmessage_enable=YES
xferlog_enable=YES
connect_from_port_20=YES
xferlog_std_format=YES
pam_service_name=vsftpd
userlist_enable=YES
userlist_deny=YES
listen=YES
tcp_wrappers=YES
```

① 请问该配置是否允许匿名用户登录？是否允许本机使用者登录？

② 如果想禁止匿名用户登录应如何设置？怎样才能开启匿名用户上传文件的权限？

③ 配置文件中的 userlist_enable=YES 与 userlist_deny=YES 分别起什么作用？

④ 怎么配置使得只有 /etc/vsftpd.user_list 文件中列出的用户才能登录？

⑤ 使用 service 命令可以在不重启主机的情况下重启服务器进程，写出重启该 FTP 服务器进程的命令。

2．根据下列要求配置 Apache 服务器，写出服务器配置文件 httpd.conf 中能够满足相应要求的部分。要求：①Apache 服务器域名是 www.xyz.com；②服务器允许的最大客户请求数为 100；③不限制每次连接的最大请求数；④Apache 服务器的默认主页放置在/var/www/html 目录中；⑤服务器 IP 地址是 221.124.8.100，使用 80 端口；⑥默认主页的搜索顺序是 index.html、index.htm、index.asp。

注：Apache 服务器配置文件 httpd.conf 中具有的部分配置项如下：

```
ServerRoot
ServerName
Timeout
Lisen
MaxKeepAliveRequests
KeepAliveTimeout
StartServers
MaxClients
MaxRequestsPerChild
DocumentRoot
UserDir
DirectoryIndex
```

3．请自己架设 Samba 服务器，并共享一个目录，使得同一个网段其他主机上的用户只能浏览和下载该目录中的文件。

项目十三

MySQL 数据库应用

项目目标

- 了解 MySQL 数据库系统
- 掌握 MySQL 数据库服务器端、客户端的安装与查看
- 掌握 MySQL 数据库的启动与停止
- 掌握设置 MySQL 用户登录密码
- 掌握创建、查看数据库
- 掌握创建、查看数据表
- 掌握添加、插入、查询、删除数据
- 掌握添加 MySQL 用户，并赋予特定权限
- 掌握数据库的备份与恢复

任务　MySQL 数据库应用

【任务描述】

系统管理员决定采用 MySQL 数据库来管理与存储员工数据，需要为 MySQL 的管理员 root 设置登录密码"admin"，并把已知的 data.txt 文档中的数据导入到数据库表中，计算员工的收入。

【任务分析】

系统管理员需要安装 MySQL 数据库，并启动 MySQL 服务，利用 mysqladmin 命令设置 root 的登录密码，利用 create database 命令创建数据库，利用 create table 命令添加数据表，利用 load data 命令导入数据，利用 update 命令计算员工收入。

【预备知识】

1. MySQL 数据库简介

MySQL 是 Linux 最常使用的数据库系统，是一个可用于各种流行操作系统平台的关系数据库

系统，它是一个真正的多用户、多线程 SQL 数据库服务器软件，支持标准的数据库查询语言 SQL（Structured Query Language），使用 SQL 语句可以方便地实现数据库、数据表的创建，数据的插入、编辑修改和查询等操作。MySQL 具有功能强、使用简单、管理方便、运行速度快、可靠性高、安全保密性强等优点，而且还可以利用许多语言编写访问 MySQL 数据库的程序。

2. MySQL 数据库服务器端

（1）MySQL 数据库服务器端的安装

使用 MySQL 数据库需要安装 MySQL 的服务器端和客户端 2 个软件包。可以通过 rpm 命令来安装 MySQL 服务器端软件包。

```
[root@localhost root]# mount /dev/cdrom /mnt/cdrom/
[root@localhost root]# rpm -ivh /mnt/cdrom/RedHat/RPMS/mysql-server-3.23.54a-11.i386.rpm --nodeps
```

（2）MySQL 数据库服务器端的重要目录

MySQL 数据库服务器端程序安装完成后，它的数据库文件、配置文件、命令文件以及帮助文档分别在不同的目录下。其中，保存数据库的目录是：/var/lib/mysql/；保存配置说明文件的目录是：/usr/share/doc/mysql-server-3.23.54a；保存相关命令的目录是：/usr/bin；保存启动脚本的目录是：/ete/rc.d/init.d/。

```
[root@localhost mnt]# rpm -ql mysql-server-3.23.54a-11
```

MySQL 服务器安装成功后，将会产生/ete/rc.d/init.d/mysql 服务器启动脚本，同时还会创建 MySQL 用户和名为 MySQL 的用户组，MySQL 用户属于 MySQL 用户组，是 MySQL 服务器正常工作所必须的一个系统账号。

```
[root@localhost root]# cat /etc/passwd | grep   mysql
mysql:x:27:27:mysql Server:/var/lib/mysql:/bin/bash
[root@localhost root]# grep   mysql   /etc/group
mysql:x:27:
```

3. MySQL 客户端的安装

Red Hat Linux 9 中自带的 MySQL 客户端软件包是 mysql-3.23.54a-11.i386.rpm，可以使用 rpm 命令进行安装与查询。

```
[root@localhost root]# rpm   -ivh   /mnt/cdrom/RedHat/RPMS/mysql-3.23.54a-11.i386.rpm
[root@localhost root]# rpm   -pql   /mnt/cdrom/RedHat/RPMS/mysql-3.23.54a-11.i386.rpm
```

4. 数据库的基本操作

（1）MySQL 启动与停止

MySQL 服务器的启动脚本 mysqld 位于/etc/rc.d/init.d/目录下，在需要启动/停止时运行命令"/etc/rc.d/init.d/mysqld start | stop"即可。

```
[root@localhost root]# /etc/rc.d/init.d/mysqld    start      //启动 MySQL
[root@localhost root]# /etc/rc.d/init.d/mysqld    stop       //停止 MySQL
[root@localhost root]# /etc/rc.d/init.d/mysqld    status     //查询服务器状态
```

默认情况下，MySQL 使用 3306 端口提供服务。测试 MySQL 是否启动成功，也可以查看该端口是否打开，如打开表示服务已经启动。

```
[root@localhost root]# more   /etc/services  |grep   mysql
mysql            3306/tcp                          # mysql
mysql            3306/udp                          # mysql
[root@localhost root]# netstat   -nat |grep   3306
（Active Internet connections （servers and established））
（Proto   Recv-Q   Send-Q   Local Address    Foreign Address      State）
```

```
tcp        0     0       0.0.0.0:3306      0.0.0.0:*          LISTEN
```
// "LISTEN" 表示该端口处于侦听的状态，说明 MySQL 服务器处于运行状态。

MySQL 服务器首次启动时，系统将自动创建 MySQL 数据库和 test 数据库完成初始化工作，mysql 数据库是 MySQL 服务器的系统数据库，包含名为 columns_priv、tables_priv、db、func、host 和 user 的数据表，其中的 user 数据表用于存放用户的账户和密码信息；test 数据库是一个空数据库，没有任何数据表，用于测试，不用时也可将其删除。

```
[root@localhost root]# /etc/rc.d/init.d/mysqld   start
[root@localhost root]# ls   /var/lib/mysql/
mysql   mysql.sock   test
[root@localhost root]# ls   /var/lib/mysql/mysql   -l
[root@localhost root]# ls   /var/lib/mysql/test   -l
```

（2）mysql 的登录与退出

登录 MySQL 的命令是 mysql，该命令的语法格式是："mysql [-u 用户名] [-h 主机] [-p 口令] [数据库名]"。MySQL 的默认管理员账号名是 root（这里的 root 和 Linux 系统的管理员账号 root 不是同一个），刚安装好的 MySQL 服务器中用户数据表 user 中的 root 账号密码为空，第一次进入 MySQL 数据库时只需输入 "mysql"。

客户端程序与服务器程序成功连接后，将出现命令提示符 "mysql>"。在该命令提示符后输入 "？"并回车，可以显示 MySQL 数据库系统可以使用的内置命令及说明。

```
[root@localhost root]# service mysqld   status
mysqld （pid 2998）正在运行...
[root@localhost root]# mysql
Welcome to the mysql monitor.   Commands end with ; or \g.
Your mysql connection id is 1 to server version: 3.23.54

Type 'help;' or '\h' for help. Type '\c' to clear the buffer.

mysql> ?
mysql commands:
Note that all text commands must be first on line and end with ';'
help      (\h)     Display this help.
?         (\?)     Synonym for `help'.
clear     (\c)     Clear command.
connect   (\r)     Reconnect to the server. Optional arguments are db and host.
edit      (\e)     Edit command with $EDITOR.
ego       (\G)     Send command to mysql server, display result vertically.
exit      (\q)     Exit mysql. Same as quit.              //退出 MySQL
go        (\g)     Send command to mysql server.
nopager   (\n)     Disable pager, print to stdout.
notee     (\t)     Don't write into outfile.
pager     (\P)     Set PAGER [to_pager]. Print the query results via PAGER.
print     (\p)     Print current command.
quit      (\q)     Quit mysql.                            //退出 MySQL
rehash    (\#)     Rebuild completion hash.
source    (\.)     Execute a SQL script file. Takes a file name as an argument.
status    (\s)     Get status information from the server.
tee       (\T)     Set outfile [to_outfile]. Append everything into given outfile.
use       (\u)     Use another database. Takes database name as argument.
```

Connection id: 1   （Can be used with mysqladmin kill）

mysql>

出于安全考虑，一定要为 root 用户设置密码，因为该账户是 MySQL 数据库服务器的管理员账户，具有全部操作权限。

root 账户的密码可使用 mysqladmin 命令来实现，该命令用于设置密码时的用法是："mysqladmin -u root -h 主机名 [-p] password '新密码'"。其中，-u 选项用于指定用户名，-h 选项用于指定 MySQL 服务器所在的主机名或 IP 地址，若 root 用户已有密码，则必须选用-p 选项并在提示输入密码时输入原密码，若没有则不要使用-p 选项。

[root@localhost root]# mysqladmin -u root -h   localhost   password '123'

下面是设置密码后，使用 root 账号登录的过程，选项-p 必须有。

```
[root@localhost root]# mysql -u root   -h localhost   -p
Enter password:                        //输入的密码不在显示器上回显
Welcome to the mysql monitor.   Commands end with ; or \g.
Your mysql connection id is 6 to server version: 3.23.54

Type 'help;' or '\h' for help. Type '\c' to clear the buffer.

mysql> \q                    //执行"\q"，退出登录
Bye
```

5. MySQL 的常用操作

MySQL 的命令和函数不区分大小写，在 Linux/UNIX 平台下，数据库、数据表、用户名和密码要区分大小写。MySQL 的命令以分号（;）或\g 作为命令的结束符，因此一条 MySQL 命令可表达成多行。

若键入 MySQL 命令忘了在末尾加分号，按回车键后，此时的操作提示符将变为 —> 形式，该提示符表示系统正等待接收命令的剩余部分，此时输入分号并回车，系统就可执行所键入的命令了。

（1）查询数据库

查询当前服务器中有哪些数据库，使用命令："show databases;"。

（2）查询数据库中的表

查询指定数据库中的表，需要首先使用命令"use 数据库名;"打开指定数据库，然后执行命令"show tables;"。

（3）显示数据表的结构

显示数据表的结构使用命令"describe 表名;"。

（4）显示表中的记录

显示指定表中的记录，使用"select 字段列表 from 表名 [where 条件表达式] [order by 排序关键字段] [group by 分类关键字段];"的命令格式。字段列表中的多个字段用","分开，"*"代表所有字段。

（5）创建/删除数据库

创建新的数据库，使用命令"create database 数据库名;"。删除数据库使用命令"drop database 数据库名;"。

（6）创建/删除数据表

在数据库中创建表，使用命令"create table 表名(字段 1 字段类型[(.宽度[.小数位数])] [,字段 2

字段类型[(.宽度[.小数位数])]……]) ;"。 [ ]所括的部分为可选项。删除表使用命令"drop table 数据表"。

（7）向表中添加/删除记录

如果想成批添加记录，可以把要添加的数据保存在一个文本文件中，一行为一条记录的数据，各数据项之间用 Tab 定位符分隔，空值项用\N 表示。然后利用"load data local infile '文本文件名' into table 数据表名;"命令将文本文件中的数据自动添加到指定的数据表中。

如果想一次向数据表添加一条记录，使用 insert into 语句，其用法是："insert into 表名[(字段名 1,字段名 2,……,字段名 n)] values(值 1,值 2,……,值 n) ;"

从表中删除记录使用"delete from 表名 where 条件表达式;"的命令格式。如果是要将表中的记录全部清空，使用"delete from 表名;"的命令格式。

（8）修改记录

修改数据表中的记录，使用 update 语句，语法是："update 表名 set 字段名 1=新值 [,字段名 1=新值 2……] [where 条件表达式];"

6. MySQL 用户的增加

为数据库系统添加新用户，使用 grant 命令。该命令的格式是"grant 权限 on 数据库.*to 用户名@登录主机 identified by 密码;"。该命令可以实现让某个用户通过密码在特定的主机上对特定的数据库有特定的权限。

7. MySQL 的备份与恢复

（1）数据库的备份

系统管理员可以使用 mysqldump 命令备份数据库，其用法是："mysqldump -u 用户名 -p 数据库名 > 备份文件名"。

（2）数据库的恢复

系统管理员也可以使用 mysqldump 命令进行数据库的恢复,其用法是："mysqldump -u 用户名 -p 数据库名 < 备份文件名"。

【任务实施】

1. [root@localhost root]# service mysqld status
2. [root@localhost root]# service mysqld start
3. [root@localhost root]# mysqladmin -u root -h localhost password 'admin'
4. [root@localhost root]# mysql –u root –h localhost –p
5. 输入密码"admin"，登录 MySQL
6. mysql>?;
7. mysql>show databases;
8. mysql>create database income;
9. mysql>use income;
10. mysql> create table data (number varchar(4),name varchar(8),department varchar(10),basic double(6,2),subsidy double(6,2),cut double(6,2),income double(6,2));
11. mysql>show tables
12. mysql>desc data;

13. mysql> load data local infile '/mnt/hgfs/share/data.txt' into table data;

14. mysql>select * from data;

15. mysql> update data set income=basic+subsidy-cut;

16. mysql>select * from data;

17. mysql>quit;

【任务检测】

1．是否掌握了 Red Hat Linux 中的 MySQL 数据库的安装、启动、退出的方法。

2．是否掌握了 MySQL 数据库使用的简单方法，能创建、管理、维护 MySQL 数据库。

【任务拓展】

查找 Ubuntu 中设置管理 MySQL 的方法。

思考与习题

一、填空题

1．MySQL 服务器进程的名字是_____，通过 service 实现其重启的完整命令是_____。

2．MySQL 服务器首次启动时，系统将自动创建_____数据库和_____数据库完成初始化工作，其中前者是 MySQL 服务器的系统数据库，包含名为 columns_priv、tables_priv、db、func、host 和 user 的数据表，其中的_____数据表用于存放用户的账户和密码信息。后者是一个空的数据库，用于测试，不用时可将其删除。

二、判断题

1．MySQL 是 Linux 下常见的免费数据库系统。（　　）

2．默认的 MySQL 数据库服务器管理员账号就是 Linux 系统管理员账号。（　　）

3．首次登录 MySQL 数据库服务器不需要输入密码，为了安全可以使用 passwd 命令来设置密码。（　　）

4．在 MySQL 命令提示符"mysql>"后使用 mysqldump 命令可以实现数据库的备份与还原。（　　）

5．MySQL 的命令和函数不区分大小写，在 Linux/UNIX 平台下，数据库、数据表、用户名和密码也不区分大小写。（　　）

三、选择题

1．下列哪项可用于列出当前用户可以访问的所有数据库？（　　）

  A．list databases   B．show databases

  C．display databases   D．view databases

2．以下哪个选项可以用来删除名为 world 的数据库？（　　）

  A．delete database world   B．drop database world

C. remove database world　　　　　　D. truncate database world

3. 下面哪个命令可以用来列出数据表 city 中所有 columns 字段的值？（　　）

A. display columns from city　　　　　B. show columns from city

C. show columns like 'city'　　　　　　D. show city columns

四、综合题

1. 简述 MySQL 数据库系统中创建数据库、创建表和进行表查询的命令及用法。

2. MySQL 数据库的主机 IP 是 192.168.66.1，现在想新增一个用户 jack，使该用户可以在局域网中的任何主机上登录该数据库服务器，但只能对数据库 students 执行查询操作。请写出能实现该功能的命令。

项目十四
Linux 下 C 编程

项目目标

- 掌握 Linux 下的 C 程序的编写
- 掌握 Linux 下的 GCC 的编译方法
- 掌握 Linux 下的 GDB 的调试技巧

任务　使用 GCC

【任务描述】

嵌入式技术开发人员编写了一些 C 程序，在 Linux 平台下需要对 C 源程序进行编译与调试。

【任务分析】

Linux 平台下，嵌入式技术开发人员通常使用 GCC 对 C 源程序编译，使用 GDB 工具对 C 源程序调试，开发人员需要熟练掌握 GCC 常用的参数以及 GDB 下的命令。

【预备知识】

1．Linux 下的 C 程序开发

（1）Linux 下 C 源程序的编写

C 语言是由UNIX的研制者丹尼斯·里奇（Dennis Ritchie）和肯·汤普逊（Ken Thompson）于 1970 年在研制出的B 语言的基础上发展和完善起来的。目前，C 语言编译器普遍存在于各种不同的操作系统中，例如UNIX、MS-DOS、Microsoft Windows及Linux等。

Linux 是一种类 UNIX 的操作系统，Linux 上的很多应用程序就是用 C 语言写的，因此 C 是在 Linux 系统下编程的理想语言。当然，Linux 下也可以使用其他语言进行程序开发，如 Ada、Scheme、Python、Perl，以及 Objective C 等，这里只介绍 Linux 下的 C 语言程序开发。

（2）使用 KDevelop 集成开发环境

要在 Linux 系统下开发程序，首先需要编辑源代码，可以在 KDevelop 提供的集成开发环境下进行，如图 14-1 所示。KDevelop 提供了很多程序开发者需要的特征，同时也集成了第三方项目的函数库，例如 make 和 GNU C++ Compilers 编译器，并把它们做成开发过程中可视化的集成部件。

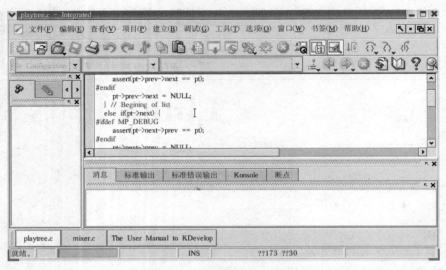

图 14-1　KDevelop 集成开发环境

（3）使用文本编辑程序

另外，对于代码较少的小程序，也可以使用 Linux 下的文本编辑工具来编写，比如常用的有 VI、gedit、KEdit、KWrite 等，下面简单介绍一下 gedit。

gedit 是一个 GNOME 桌面环境下兼容 UTF-8 的文本编辑器，使用 GTK+编写而成，因此十分的简单易用。gedit 对中文的支持很好，支持包括 GB2312、GBK 在内的多种字符编码。

gedit 包含语法高亮和标签编辑多个文件的功能，利用 GNOME VFS 库，还可以编辑远程文件。gedit 支持查找和替换，支持包括多语言拼写检查和一个灵活的插件系统，可以动态地添加新特性，例如 snippets 和外部程序的整合。

gedit 还包括一些小特性，包括行号显示、括号匹配、文本自动换行、当前行高亮及自动文件备份。另外，gedit 还有以下的使用技巧：

1）打开多个文件

要从命令行打开多个文件，可以按照类似"gedit file1.txt file2.txt file3.txt"的格式执行命令。

2）将命令输出输送到文件中

例如，要将 ls 命令的输出输送到一个文本文件中，请键入"ls | gedit"，然后按下回车键。ls 命令的输出就会显示在 gedit 窗口的一个新文件中。

gedit 非常易用，只要用户使用过 DOS 或 Windows 下任一种文本编辑器，如：EDIT、写字板等程序，就能够很快地用好它，它们的使用习惯基本一样。

2．Linux 下 C 语言编译器的使用

一般的 Linux 发布版本中都提供了 C 编译器 GCC。使用 GCC 可以编译 C 和 C++源代码，编译出的目标代码质量非常好，编译速度也很快。

（1）GCC 编译器简介

Linux 系统下的 GCC（GNU C Compiler）是 GNU 推出的功能强大、性能优越的多平台编译器，是 GNU 的代表作品之一。GCC 是可以在多种硬体平台上编译出可执行程序的超级编译器，其执行效率与一般的编译器相比平均效率要高 20%～30%。GCC 编译器能将 C 和 C++源程序、汇编程序和目标程序编译、连接成可执行文件。

在 Linux 系统中，可执行文件没有统一的后缀，系统从文件属性来区分可执行文件和不可执行文件。而 GCC 则是通过后缀来区别输入文件的类别，表 14-1 所示的是 GCC 所遵循的部分文件名后缀及其含义。

表 14-1　文件名后缀及含义

后缀	含义
.c	C 语言源代码文件
.a	由目标文件构成的档案库文件
.C、.cc 或.cxx	C++源代码文件
.h	程序所包含的头文件
.i	已经预处理过的 C 源代码文件
.ii	已经预处理过的 C++源代码文件
.m	Objective C 源代码文件
.o	编译后的目标文件
.s	汇编语言源代码文件
.S	经过预编译的汇编语言源代码文件

（2）GCC 基本用法和选项

在使用 GCC 编译器的时候，必须给出一系列必要的选项和文件名称。GCC 编译器有超过 100 个编译选项可用，但只有一些主要的选项会被频繁用到，其余的多数选项可能根本就用不到，因此这里只介绍其中最基本、最常用的选项。

用户在 shell 提示符下输入 gcc 命令及相关参数即可对相应的源代码进行编译。gcc 命令最基本的用法是："gcc [options] [filenames]"，其中 options 就是编译器所需要的选项，filenames 给出相关的文件名称、常用选项及作用如表 14-2 所示。

表 14-2　gcc 的常用选项及作用

选项	作用
-c	仅把指定的.c 源代码文件编译为目标文件而跳过汇编和连接的步骤，通常用于编译不包含主程序的子程序文件。默认情况下 gcc 建立的目标代码文件有一个.o 的扩展名
-o　filename	指定编译后产生的文件名称，如果不使用该选项，gcc 就使用预设的可执行文件名 a.out
-S	在对 C 源代码进行预编译后停止编译，gcc 产生的汇编语言文件的默认扩展名是.s
-O	对源代码在编译、连接过程中进行基本的优化，以产生执行效率更高的可执行文件。但是，编译、连接的速度就相应地要慢

选项	作用
-O2	比-O 更好的优化编译、连接，通常产生的代码执行速度更快，当然整个编译、连接过程会更慢
-g	产生调试工具（GNU 的 gdb）所必要的符号信息以便调试程序，要想对源代码进行调试，就必须加入这个选项
-I dirname	将 dirname 所指出的目录加入到程序头文件目录列表中，是在预编译过程中使用的参数
-L dirname	将 dirname 所指出的目录加入到程序函数档案库文件的目录列表中，是在连接过程中使用的参数
-l name	在连接时装载名字为"libname.a"的函数库，该函数库位于系统预设的目录或者由-L 选项确定的目录下。例如，-l m 表示连接名为"libm.a"的数学函数库

　　必须为每个 gcc 选项指定各自的连字符（"-"），和部分其他 Linux 命令一样，不能在一个单独的连字符后跟一组选项，在 gcc 命令行中"-pg"和"-p　-g"表示不同的含义。

　　C 程序中的头文件包含两种情况：①#include <myinc.h>；②#include "myinc.h"。其中，第一种情况使用尖括号（<>），第二种情况使用双引号（""）。对于第一种情况，预处理程序 CPP 在系统预设的包含文件目录（如/usr/include）中搜寻相应的文件，而对于第二种情况，CPP 在当前目录中搜寻头文件，选项-I 的作用是告诉 CPP，如果在当前目录中没有找到需要的文件，就到指定的 dirname 目录中去寻找。在程序设计中，如果我们需要的这种包含文件分别分布在不同的目录中，就需要逐个使用-I 选项给出搜索路径。

　　在预设状态下，连接程序 ld 在系统的预设路径中（如/usr/lib）寻找所需的档案库文件，选项-L 告诉连接程序，首先到-L 指定的目录中去寻找，然后到系统预设路径中寻找，如果函数库存放在多个目录下，就需要依次使用这个选项，给出相应的存放目录。

　　另外，GCC 提供了一个很多其他 C 编译器里没有的特性，在 GCC 里你能将-g 和-O（产生优化代码）联用。这一点非常有用，因为你能在与最终产品尽可能相近的情况下调试你的代码。在同时使用这两个选项时你必须清楚你所写的某些代码已经在优化时被 GCC 作了改动。优化选项除了-O 和-O2 外，还有一些低级选项用于产生更快的代码，这些选项非常特殊，最好在你完全理解这些选项将会对编译后的代码产生什么样的效果时再去使用。

　　上面我们简要介绍了 GCC 编译器最常用的功能和主要的参数选项，更为详尽的资料参看 Linux 系统的联机帮助，在命令行上键入"man gcc"可以获得。

　　（3）GCC 错误类型及对策

　　GCC 编译器如果发现源程序中有错误，就无法继续进行，也无法生成最终的可执行文件。为了便于修改，GCC 给出错误信息，必须对这些错误信息逐个进行分析、处理，并修改相应的语句，才能保证源代码的正确编译连接。GCC 给出的错误信息一般可以分为四大类，下面将分别讨论其产生的原因和对策。

　　1）第一类：C 语法错误

　　错误信息：文件 source.c 中第 n 行有语法错误（syntax error）。这种类型的错误，一般都是 c 语言的语法错误，应该仔细检查源代码文件中第 n 行及该行之前的程序，有时也需要对该文件所包含的头文件进行检查。

　　2）第二类：头文件错误

错误信息：找不到头文件 head.h（Can not find include file head.h）。这类错误是源代码文件中的包含头文件有问题，可能的原因有头文件名错误、指定的头文件所在目录名错误等，也可能是错误地使用了双引号和尖括号。

3）第三类：档案库错误

错误信息：连接程序找不到所需的函数库，例如："ld：-lm: No such file or directory"。这类错误是与目标文件相连接的函数库有错误，可能的原因是函数库的名称错误、指定函数库所在位置的路径错误等，检查的方法是使用 find 命令在可能的目录中寻找相应的函数库名以及路径，并修改程序中及编译选项中的名称。

4）第四类：未定义符号

错误信息：有未定义的符号（Undefined symbol）。这类错误是在连接过程中出现的，可能有两种原因：一是，使用者自己定义的函数或者全局变量所在的源代码文件没有被编译、连接，或者干脆还没有定义，这需要使用者根据实际情况修改源程序，给出全局变量或者函数的定义体；二是，未定义的符号是一个标准的库函数，在源程序中使用了该库函数，而连接过程中还没有给定相应的函数库的名称，或者是该档案库的目录名称有问题，这时需要使用档案库维护命令 ar 检查需要的库函数到底位于哪一个函数档案库中，确定之后修改 gcc 命令中的-l 和-L 选项。

3．GCC 应用举例

首先，使用文本编辑器 VI 编写一个名为 file.c 的 C 源程序，并将其保存在/root 目录下，源代码如下所示：

```
#include<stdio.h>
void main()
{
int a[10];
int i,j,t;
printf("输入 10 个整数：\n\a");
for(i=0;i<10;i++)
    scanf("%d",&a[i]);
for(j=0;j<9;j++)
{
    for(i=0;i<9-j;i++)
    if(a[i]>a[i+1])
    {
        t=a[i];
        a[i]=a[i+1];
        a[i+1]=t;
    }
}
printf("排序结果:");
for(i=0;i<10;i++)
    printf("%d\a ",a[i]);
    printf("\n");
}
```

要使该源代码文件生成一个可执行文件，最简单的办法就是执行命令"gcc file.c"。这时，预编译、编译连接一次完成，生成一个系统预设的名为 a.out 的可执行文件。这里使用选项-o。

```
[root@localhost root]# gcc file.c   -o    file
[root@localhost root]# ./file              //执行该可执行文件
```

输入 10 个整数：1 3 5 7 9 2 4 6 8 10

1 2 3 4 5 6 7 8 9 10

在编译时用-g 选项打开调试选项。例如：编译程序名为 test.c 的 C 语言源代码文件，需要调试信息，生成的可执行程序为 test，这时编译命令为 "gcc test.c -g -o test"。

4. Linux 下 C 程序的调试工具

排除编译、连接过程中的错误，只是程序设计中最简单、最基本的一个步骤。这个过程中的错误，只是在使用 C 语言描述一个算法时所产生的错误，是比较容易排除的。通常很多问题是在程序运行过程中出现的，往往是算法设计有问题，需要更加深入地测试、调试和修改。一个稍微复杂的程序，往往要经过多次的编译、连接和测试、修改。程序维护、调试工具和版本维护就是在程序调试、测试过程中使用的，用来解决调测阶段所出现的问题。

（1）用 GDB 调试程序

Linux 包含了一个叫 GDB 的 GNU 调试程序。gdb 是一个用来调试 C 和 C++程序的功能强大的调试器，它使用户能在程序运行时观察程序的内部结构以及内存的使用情况。

GDB 提供了以下一些功能：监视程序中变量的值；设置断点以使程序在指定的代码行上停止执行，以便一行行地执行代码。

在命令行方式下键入 "gdb" 并按回车键就可以运行 GDB 了，如果一切正常的话，GDB 将被启动并在屏幕上显示类似如下的内容：

```
[root@localhost root]# gdb
GNU gdb Red Hat Linux（5.3post-0.20021129.18rh）
Copyriqht 2003 Free Software Foundation, Inc.
GDB is free software, covered by the GNU General Public License, and you are
welcome to change it and/or distribute copies of it under certain conditions.
Type "show copying" to see the conditions.
There is absolutely no warranty for GDB. Type "show warranty" for details.
This GDB was configured as "i386-redhat-linux".
(gdb)
```

启动 GDB 后，能在命令行上指定很多的选项。也可以采用 "qdb filename" 的方式来运行 GDB。当使用这种方式运行 GDB 时，你能直接指定想要调试的程序，这将告诉 GDB 装入名为 filename 的可执行文件。

也可以用 GDB 去检查一个因程序异常终止而产生的 core 文件，或者与一个正在运行的程序相连。你可以参考 GDB 指南页，或者在命令行上输入 "gdb -h"，来得到一个有关这些选项的说明。

（2）基本的 GDB 命令

GDB 支持很多的命令，以实现不同的功能。这些命令包括从简单的文件装入到允许用户检查堆栈内容所调用的复杂命令，表 14-3 列出了 gdb 调试时会用到的一些命令。

表 14-3　基本的 gdb 内置命令

命令	作用
file	装入想要调试的可执行文件
kill	终止正在调试的程序
list	列出产生可执行文件的源代码的一部分

续表

命令	作用
next	执行一行源代码但不进入函数内部
step	执行一行源代码并且进入函数内部
run	执行当前被调试的程序
quit	终止 gdb
watch	监视变量的值
break	在程序中设置断点，这将使程序执行到这里时被挂起
make	在不退出 GDB 的情况下，重新产生可执行文件
shell	在不退出 GDB 的情况下就执行 shell 命令

　　GDB 支持很多与 UNIX shell 程序一样的命令编辑特征，用户可以像在 Bash 或 C shell 里那样按 Tab 键让 GDB 补齐一个唯一的命令，如果不唯一的话 gdb 会列出所有匹配的命令。用户还可以用光标键上下翻动历史命令。

　　（3）GDB 应用举例

　　让我们一起来看一个调试示例。

　　源程序：test.c

```
1 #include <stdio.h>
2
3 int func(int n)
4 {
5 int sum=0,i;
6 for(i=0; i<7; i++) {
8 sum+=i;
9 }
10 return sum;
11 }
12
13
14 main()
15 {
16 int i;
17 long result = 0;
18 for(i=1; i<=100; i++)
19 {
20 result += i;
21 }
22
23 printf("result[1-100] = %d \n", result );
24 printf("result[1-250] = %d \n", func(250) );
25 }
```

　　编译生成可执行文件（Linux 下）：

```
root>g cc   test.c   –g –o   test
```

　　使用 GDB 调试：

```
root> gdb    test <---------- 启动 GDB
GNU gdb 5.1.1
Copyright 2002 Free Software Foundation, Inc.
GDB is free software, covered by the GNU General Public License, and you are
welcome to change it and/or distribute copies of it under certain conditions.
Type "show copying" to see the conditions.
There is absolutely no warranty for GDB. Type "show warranty" for details.
This GDB was configured as "i386-suse-linux"...
(gdb) l <-------------------- l 命令相当于 list，从第一行开始列出源代码
1 #include
2
3 int func(int n)
4 {
5 int sum=0,i;
6 for(i=0; i 7 {
8 sum+=i;
9 }
10 return sum;
(gdb) <-------------------- 直接回车表示重复上一次命令
11 }
12
13
14 main()
15 {
16 int i;
17 long result = 0;
18 for(i=1; i<=100; i++)
19 {
20 result += i;
(gdb) break 16 <-------------------- 设置断点，在源程序第 16 行处
Breakpoint 1 at 0x8048496: file    test.c, line 16.
(gdb) break func <-------------------- 设置断点，在函数 func()入口处
Breakpoint 2 at 0x8048456: file    test.c, line 5.
(gdb) info break <-------------------- 查看断点信息
Num Type Disp Enb Address What
1 breakpoint keep y 0x08048496 in main at      test.c:16
2 breakpoint keep y 0x08048456 in func at      test.c:5
(gdb) r <-------------------- 运行程序，run 命令简写
Starting program: /home/root/tst
Breakpoint 1, main () at    test.c:17 <---------- 在断点处停住
17 long result = 0;
(gdb) n <-------------------- 单条语句执行，next 命令简写
18 for(i=1; i<=100; i++)
(gdb) n
20 result += i;
(gdb) n
18 for(i=1; i<=100; i++)
(gdb) n
20 result += i;
(gdb) c <-------------------- 继续运行程序，continue 命令简写
```

```
Continuing.
result[1-100] = 5050 <----------程序输出
Breakpoint 2, func (n=250) at    test.c:5
5 int sum=0,i;
(gdb) n
6 for(i=1; i<=n; i++)
(gdb) p i <--------------------- 打印变量 i 的值, print 命令简写
$1 = 134513808
(gdb) n
8 sum+=i;
(gdb) n
6 for(i=1; i<=n; i++)
(gdb) p sum
$2 = 1
(gdb) n
8 sum+=i;
(gdb) p i
$3 = 2
(gdb) n
6 for(i=1; i<=n; i++)
(gdb) p sum
$4 = 3
(gdb) bt <-------------------- 查看函数堆栈
#0 func (n=250) at     test.c:5
#1 0x080484e4 in main () at    test.c:24
#2 0x400409ed in __libc_start_main () from /lib/libc.so.6
(gdb) finish <-------------------- 退出函数
Run till exit from #0 func (n=250) at    test.c:5
0x080484e4 in main () at    test.c:24
24 printf("result[1-250] = %d /n", func(250) );
Value returned is $6 = 31375
(gdb) c <-------------------- 继续运行
Continuing.
result[1-250] = 31375 <----------程序输出
Program exited with code 027. <--------程序退出, 调试结束
(gdb) q <-------------------- 退出 GDB
```

【任务实施】

现在有一 C 程序, 需要将字符串反序输出, 请使用 GCC 与 GDB 对程序进行编译与调试。

```c
#include <stdio.h>;
static void my_print (char *);
static void my_print2 (char *);


main ( )
{
char my_string[] = "hello world!";
my_print (my_string);
my_print2 (my_string);
}
```

```
void my_print (char *string)
{
printf ("The string is %s ", string);
}

void my_print2 (char *string)
{
char *string2;
int size, i;
size = strlen (string);
string2 = (char *) malloc (size + 1);
for (i = 0; i < size; i++)
string2[size - i] = string;
string2[size +1 ] = '';
printf ("The string printed backward is %s ", string2);
}
```

【任务检测】

1. 是否掌握了 Linux 中 C/C++编译工具 GCC 的使用方法。
2. 是否掌握了 Linux 中 C/C++编译工具 GDB 的使用方法。

【任务拓展】

学习 Linux 系统下编程环境及编程工具、文件管理、进程管理（创建、退出、执行、等待、属性控制）、进程间通信（管道、消息队列、共享内存）、进程间同步机制（信号量）、进程间异步机制（信号）、线程管理（创建、退出、取消等以及属性控制）、线程间同步（互斥锁、读写锁、条件变量）以及网络基本编程等高级应用。

思考与习题

一、填空题

1. 在 Linux 系统中，可执行文件没有统一的后缀，系统从文件的_____来区分可执行文件和不可执行文件。
2. C 语言源代码文件的扩展名是_____，编译后生成的目标文件的扩展名是_____。

二、综合题

在 Linux 系统下使用 VI 编辑器编写一个 C 程序，计算 1～1000 的和，并用 GCC 编译器编译和调试。